L'HOMME.

(Homo.)

ESSAI ZOOLOGIQUE

SUR

LE GENRE HUMAIN.

2e Édition

ENRICHIE D'UNE CARTE NOUVELLE
POUR L'INTELLIGENCE DE LA DISTRIBUTION DES ESPÈCES D'HOMMES
A LA SURFACE DU GLOBE TERRESTRE.

PAR M. BORY DE SAINT-VINCENT.

TOME II.

PARIS.

REY ET GRAVIER, LIBRAIRES-ÉDITEURS,

QUAI DES AUGUSTINS, N° 55.

M. DCCC. XXVII.

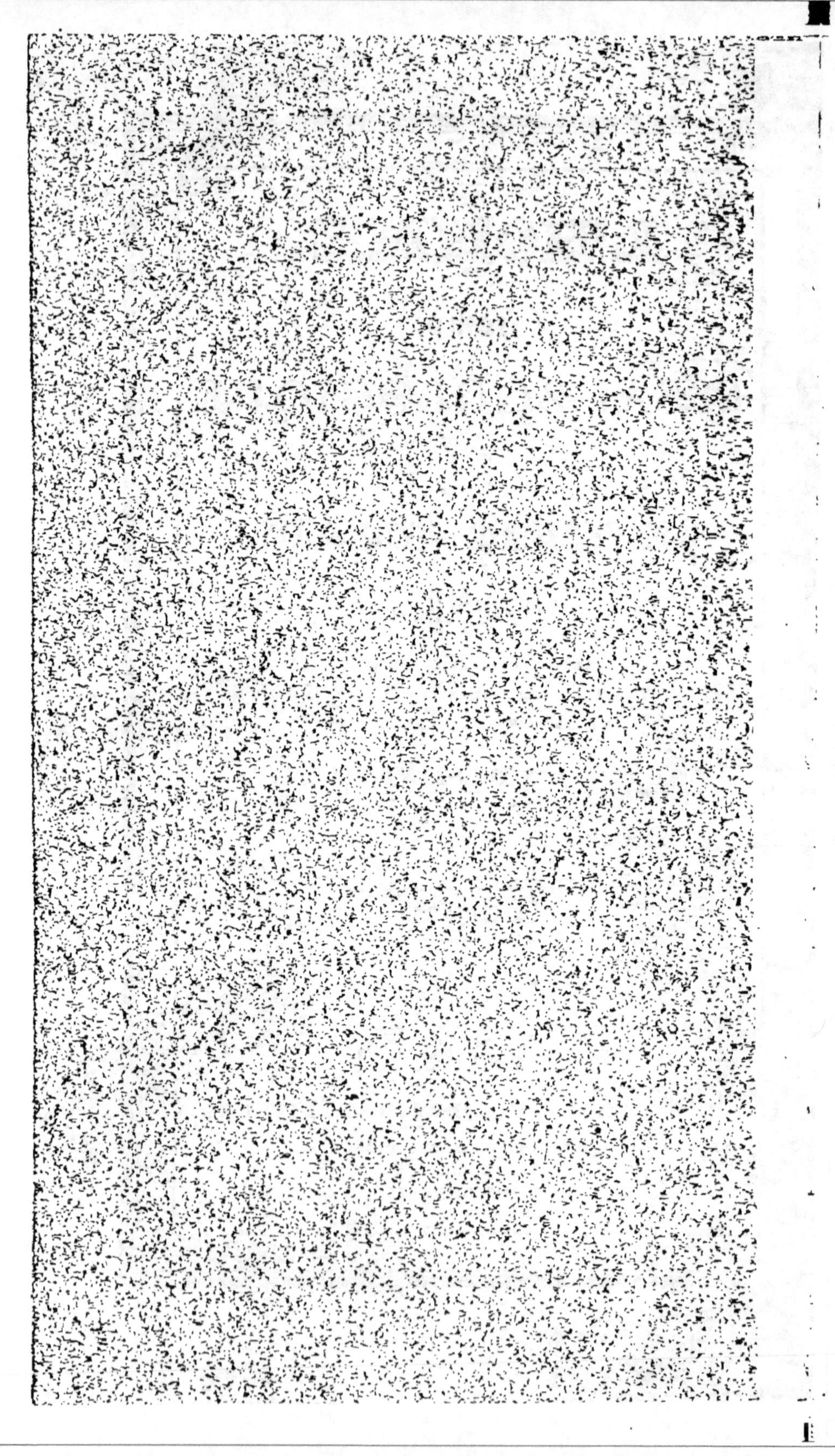

L'HOMME.

(*HOMO.*)

IMPRIMÉ CHEZ PAUL RENOUARD,
RUE GARENCIÈRE, N. 5.

L'HOMME.

(HOMO.)

ESSAI ZOOLOGIQUE

SUR

LE GENRE HUMAIN,

2e ÉDITION,

ENRICHIE D'UNE CARTE NOUVELLE,
POUR L'INTELLIGENCE DE LA DISTRIBUTION DES ESPÈCES D'HOMMES
A LA SURFACE DU GLOBE TERRESTRE.

PAR M. BORY DE SAINT-VINCENT.

TOME II.

PARIS.
REY ET GRAVIER, LIBRAIRES-ÉDITEURS,
QUAI DES AUGUSTINS, N° 55.

M. DCCC. XXVII.

« Qu'est-ce que l'Homme que tu le regardes comme quelque chose de grand ? *Job. chap.* VII, *v.* 17. Il est né de la Femme, vit peu, est rempli de misères ; il est comme une fleur qui s'épanouit et se flétrit, il passe comme l'ombre. *Chap.* XIV, *v.* 1 et 2. »

L'HOMME.

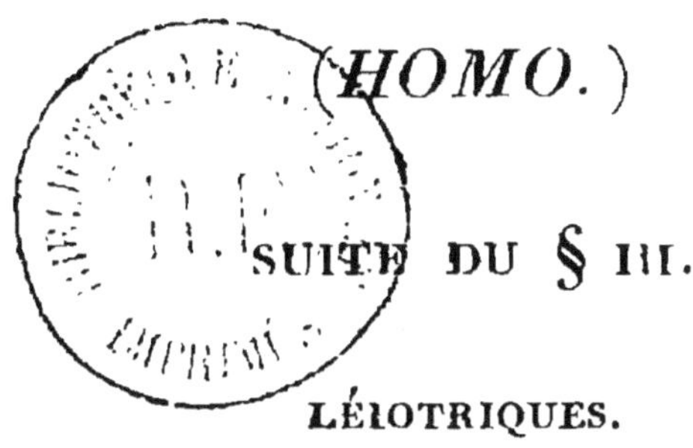

(*HOMO.*)

SUITE DU § III.

LÉIOTRIQUES.

*** *Espèces propres au nouveau Monde.*

IX. Espèce Colombique. *Homo Colombicus.* Christophe Colomb ayant découvert ou retrouvé ce Nouveau-Monde, auquel l'ingratitude de l'Ancien voulut qu'un autre nom que le sien fût attaché, nous avons cru devoir rendre hommage à la mémoire de cet Homme extraordinaire, en appelant Colombique l'espèce avec laquelle il mit les Européens en communication. Nous eussions pu donner à ce nom une désinence plus douce; mais nous avons voulu éviter la confusion qui en eût pu résulter, depuis qu'une république naissante, en s'appelant Colombie, a payé à l'un des plus grands génies qu'on puisse admirer, le tribut de reconnaissance que lui avait refusé son ingrate patrie.

L'espèce Colombique, probablement sortie des racines des monts Allégany et des Apalaches, peuple, vers le Nord, le vaste bassin du fleuve Saint-Laurent, jusque par les quarante-six et quarante-septième degré. Passant des Florides, et d'îles en îles, dans le Midi, elle occupa les rives orientales des régions mexicaines, les Antilles, et ce qu'on nomme la Terre-Ferme, avec les Guyanes, depuis le territoire de Cumana, jusque sous la ligne, toujours parallèlement aux côtes d'où les repoussent de jour en jour les Européens. Les Canadiens, les nombreuses peuplades qui s'effacent peu-à-peu dans l'admirable état social de l'Amérique septentrionale, les naturels du Iucatan et de Honduras, les Caraïbes, les Galibis, lui appartiennent.

On a beaucoup discuté pour savoir d'où et quand ces peuples avaient dû pénétrer dans les contrées où les Européens les trouvèrent, et ceux-là même qui voulurent reconnaître en eux des enfans d'Adam, se sont complus à les exterminer. On ne peut comparer à la barbarie avec laquelle on a vu les Européens, pendant trois siècles, traiter ces prétendus frères, que la cruauté avec laquelle, pour remplacer leur race noyée dans son propre sang, ils ont transporté sur une terre, veuve de ses Aborigènes, de malheureux Nègres arrachés à la leur. De telles horreurs révoltent les cœurs bien placés; et quand le naturaliste reconnaît par quels rapports physiques l'Homme se rapproche des Singes, le philosophe ne devrait-il pas rechercher à son tour par quels caractères tirés du moral, les Européens exterminateurs sont voisins, à tant d'égards, des Loups, des Hyènes, et des Tigres?

L'espèce Colombique, qu'on ne doit pas chercher dans ce mélange de Blancs et de Nègres de toutes les espèces qui se croisent sur le nouveau Continent, depuis sa découverte, s'est conservée assez intacte dans les solitudes où elle essaie de se mettre à l'abri de nos violences, et même, dit-on, sur quelques points des îles du Vent. Ce que nous en rapporte une multitude de voyageurs qui visitèrent anciennement, soit le Canada, soit le centre des Etats-Unis, soit toutes les îles qui forment un long enchaînement des Florides à la Trinité, soit enfin l'espace contenu entre l'Orénoque et le fleuve des Amazones, est absolument conforme, et convient en tout point aux Hommes qui peuplaient dès-lors une ligne sinueuse de douze cents lieues, à-peu-près, du Nord au Midi, sur une largeur si peu considérable, qu'excepté vers les lacs septentrionaux, elle ne fut que rarement d'une ou deux centaines de lieues. Ces Hommes, de tempérament flegmatique et bilieux, sont grands, bien faits, agiles, plus forts que ne le sont ordinairement ce que l'on appelle des Sauvages, n'ayant pas les extrémités grèles comme ceux de l'Australasie; leur tête est bien conformée, il en résulte une figure agréablement ovale, où le front est cependant singulièrement aplati, ce qui fit croire à de vieux auteurs, et que répètent par habitude les auteurs modernes, qu'on déformait cette partie dans le jeune âge, au moyen de planchettes étroitement appliquées et fixées par des liens. Le nez est long, prononcé, fortement aquilin, « et si l'on en trouve de plats, dit le P. Dutertre, c'est qu'on les a également comprimés dans l'enfance». La bouche est moyennement fendue, avec les dents verticales, et les lèvres semblables aux nôtres. L'œil est grand et brun; les cheveux sont noirs, plats, gros, durs, luisans, de moyenne longueur, et dépassant peu les épaules vers lesquelles on ne les voit pas boucler. On dit qu'ils ne grisonnent jamais. Les Hommes sont presque glabres, ou s'arrachent soigneusement le peu de poils qui croissent çà et là sur les parties où d'autres peuples en ont beaucoup. Ils répandent, quand ils sont échauffés et en sueur, une odeur que l'on prétend avoir quelque analogie avec celle du Chien. La couleur de leur peau est rougeâtre, tirant sur celle du cuivre de rosette. Chez les Femmes, condamnées aux travaux les plus durs, et, pour ainsi dire, réduites à la condition des bêtes domestiques, le sein, quoiqu'un peu bas, est assez bien conformé tant qu'il n'a pas servi à l'allaitement, et la nubilité se développe de très bonne heure, soit que ces Femmes appartiennent aux tribus septentrionales, soit qu'elles appartiennent à celles du voisinage de l'équateur : on cite dans cette espèce des exemples de longévité.

Ce sont les Canadiens, et les Caraïbes principalement, qui ont fourni aux philosophes du siècle dernier le texte de ces déclamations où la supériorité du Sauvage sur l'Homme vivant en société policée était si pompeusement établie. Il ne faut pas croire un mot de ce qu'on a rapporté des beaux discours, de la sagesse et des traités solennels qu'étaient censés conclure entre eux, en échangeant *le Calumet de paix* (1), c'est-à-dire la pipe à la bouche, de tels barbares, naturellement vagabonds, chasseurs, grossiers, paresseux, querelleurs, anthropophages, mangeant non-seulement leurs ennemis vaincus, mais jusqu'à leur propre père, afin qu'il ne soit pas mangé des vers, et repoussant avec une horreur, motivée peut-être par le mal qu'elle leur fit, la civilisation où l'on a tenté de les plier. Intempérans, altérés de liqueurs fortes qu'ils sont réduits à nous payer, n'ayant pas même l'industrie nécessaire pour s'en composer eux-mêmes; ils vivent sans religion, méprisant celle de l'Europe, par laquelle on espérait adoucir leurs mœurs, et dont les mystères leur semblent être des absurdités. On sait aujourd'hui que ces livres, que dans un esprit de prosélytisme, louable sans doute, faisaient imprimer des sociétés pieuses, pour être distribués et expliqués aux Sauvages par des missionnaires; on sait, disons-nous, que ces livres ne sont payés en peaux de Castors ou autres fourrures par les prétendus catéchumènes, que parce que ceux-ci en déchirent les titres ornés de lettres rouges, pour faire des cornes et autres ornemens à leurs bonnets. Les Colombiques croient cependant à de bons et mauvais génies, sans que les espèces de sorciers, qui s'emparent souvent de leur esprit au moyen de quelque jonglerie, aient imaginé de chercher dans leurs croyances grossières, les élémens de cette autorité théocratique qui s'établit ordinairement la première chez les Hommes, en jetant des racines que tous les efforts de la sagesse ne parviennent presque jamais à extirper plus tard, même chez les nations qui prétendent n'avoir pas abjuré le sens commun.

On a vanté le courage de l'espèce qui nous occupe, parce que les prisonniers de guerre qu'on y dévore, entonnent, dit-on, des chants de mort, pendant qu'on les fait rôtir, et presque sous la dent qui les déchire. Si le fait est vrai, ce dont il est permis de douter, il dénote une brutale insensibilité physique, et non de l'héroïsme. Les Caraïbes et les Canadiens sont, à ce qu'on assure, fort attachés à leurs enfans; mais les Panthères le sont aussi à leurs petits, de même que la plupart des Hommes de l'espèce Japétique. Du reste, ils vont nus, avec un lambeau de quelque étoffe végétale ou de peau d'animal fixé sur le bas du ventre et cordé autour des reins. Dans les régions même où l'hiver est le plus rigoureux, à peine songent-ils à se garantir de ses intempéries, en se couvrant de la dépouille des bêtes dont ils font une grande destruction. Ils aiment mieux, au risque de mourir de froid, livrer leurs pelleteries aux marchands européens pour de l'eau-de-vie, que de s'en revêtir : ce n'est pas chez eux qu'il faut chercher ces coiffures brillantes, ces tuniques et ces manteaux nuancés de plumages, dont les peintres ignorans ont coutume d'affubler les Américains dans leurs tableaux infidèles. Les Neptuniens exotiques des bords de la mer du Sud employaient seuls au Pérou, ainsi qu'au Mexique, de tels ornemens. Les Colombiques ne connaissent d'autres moyens de s'embellir que de se barbouiller de Rocou, et de se rendre ainsi encore plus rouges qu'ils ne le sont naturellement. L'arc et la flèche composent leurs moyens d'attaque et de défense. Divisés en hordes conduites par un chef, et régies par de simples usages, ils n'ont établi nulle part de domination fixe; et l'agriculture leur est non-seulement étrangère, mais encore odieuse. Sans imagination, sans énergie, ils ont été partout facilement trompés et dépossédés. Avant la fin de ce siècle, il n'en existera plus probablement que le souvenir : ils auront disparu de leur terre natale, comme les Guanches des Canaries, comme le Dronte et les Tortues de Mascaraigne, comme les Loups de l'Angleterre.

On prétend que chez les Caraïbes, le langage des Femmes n'est pas tout-à-fait le même que celui des Hommes. Il serait curieux de constater ce fait.

On doit remarquer qu'il existe dans l'Amérique septentrionale, parmi les peuplades d'espèce Colombique, quelques autres peuplades appartenant à des espèces fort différentes, telles que l'Hyperboréenne, et peut-être même la Scythique; mais elles s'y sont simplement égarées, et l'on ne saurait les regarder comme autochtones. Il en est de même de quelques tribus d'origine Celtique qu'on y a reconnues, et dont l'une parlerait même assez purement l'idiome du pays de Galles (2). C'est probablement par ces étrangers que s'introduisit chez les Colombiques l'usage d'enterrer les morts illustres avec leurs armes, en chantant des hymnes lugubres.

---

(1) Nous avons prouvé ailleurs (*Encyclopédie moderne* de M. Courtin, au mot BAMBOU) que ce nom de *Calumet*, si souvent employé par les écrivains superficiels, qui ne connaissent des Sauvages que ce qu'en dit Raynal, ou la détestable compilation de *l'Histoire des Voyages* par Laharpe, était totalement étranger au Nouveau-Monde, puisque *calumet*, employé pour désigner des tuyaux de pipe faits avec des rameaux de graminées ligneuses, vient évidemment du latin *calamus* ou *culmus*.

(2) On lit dans la *Revue encyclopédique*, monument de philosophie que l'Europe doit à l'infatigable persévérance de notre savant ami M. Jullien, mais qu'une coterie, qui n'a pu y obtenir le monopole des éloges, voudrait anéantir, on lit, disons-nous, dans la *Revue*

encyclopédique (*tome* 11, 1819, *p.* 168) : « Les Indiens-Gallois sont aussi peu connus des habitans du continent de l'ouest, que le peuple gallois l'est du monde européen. En 1817, je visitai leur établissement sur la Maduga (c'est M. Owen Williams, de Baltimore, qui parle). Ils forment deux tribus, celle des Indiens-Brydones, et celle des Indiens-Chadaghie; ils ont leur établissement sur deux promontoires appelés Kernau, et situés vers le 40e degré de latitude septentrionale et le 80e degré de longitude occidentale. Ces Indiens sont en général grands et forts; ils ont un beau teint, et des manières aimables; ils connaissent l'usage des lettres, et possèdent grand nombre de manuscrits touchant leurs ancêtres, habitans d'une île qu'ils nomment Brydon. Leur langage est le gallois, qu'ils parlent avec plus de pureté qu'on ne le fait au pays de Galles, attendu qu'il est exempt d'*anglicismes*. Leur religion est le christianisme fortement mélangé de druidisme; etc. » On voit qu'il n'est ici question que d'une colonie celtique partie d'Europe avant l'époque où la langue anglaise formée pénétra dans la province la plus occidentale de la Grande-Bretagne. Il est plus difficile de savoir d'où vinrent des nations dont il ne reste aucun souvenir, mais qui creusèrent de vastes cryptes dans certaines roches, ou construisirent sur divers points de grandes lignes de défense dans le genre de la muraille de la Chine, mais en terre. Ces monumens muets, maintenant enfouis dans des forêts impénétrables, peuvent être dus à des colonies Asiatiques. Si des autochtones en eussent été les auteurs, on verrait probablement les Caraïbes en creuser ou en construire encore.

X. ESPÈCE AMÉRICAINE. *Homo Americanus.* S'il n'était pas juste que le nom d'Améric Vespuce, qui, sur les traces de l'immortel Colomb, explora plus tard le Nouveau-Monde, fût donné à l'hémisphère que le navigateur Florentin n'avait réellement pas découvert, il l'est cependant que son nom demeure attaché à cette moitié méridionale du double continent qu'il reconnut le premier. A ce titre, nous restreindrons la désignation d'Américaine à l'espèce du genre Homme que nous supposons s'être répartie dans le cœur du pays et sur la plus grande étendue de ses côtes orientales. Elle y occuperait le bassin supérieur de l'Orénoque, la totalité de celui des Amazones, le Brésil, le Paraguay; et ces Araucanos du Chili, si différens des Neptuniens du rivage équinoxial auquel ils confinent, en dépendraient peut-être (1). L'ensemble des terreins élevés que doivent former ces monts d'où s'écoulent vers le nord la rivière de Para avec ses plus grands affluens, le fleuve des Amazones, et vers le sud, le Parana, ou Rio de la Plata, monts qui semblent devoir se lier aux Andes méridionales, par la dépression qu'on nomme *Cruz de la Sierra*, présente sans doute le centre de départ de l'espèce Américaine proprement dite, espèce la plus imparfaitement observée, dans laquelle on en reconnaîtra peut-être plusieurs autres, quand de nouveaux voyageurs apporteront à l'observation des Hommes de l'intérieur du Nouveau-Monde le soin que notre confrère, M. Auguste de Saint-Hilaire, a mis à bien connaître ceux avec lesquels ses excursions l'y mirent en rapport. Ceux-ci, selon ce que nous apprend le savant voyageur, ont quelque chose qui les rapproche intermédiairement des Siniques, au point qu'un individu de cette espèce, conduit en Europe par ses soins, crut reconnaître sa propre race dans les Chinois, qu'il eut occasion de voir dans un lieu de relâche (2). Mais tandis que les Botocudos sont d'un brun-clair, et quelquefois blancs vers le tropique; et que les Gayacas, presque sous la ligne, sont parfaitement blancs; les Charruas de Buénos-Ayres, qu'on nous dit identiques, sont presque noirs, et même sans nuance de rougeâtre, sous le quarantième degré sud. Les Omaguas, par le cinquième parallèle méridional, sont couleur de bistre; ils ont le front singulièrement difforme, avec le ventre gros, la barbe très fournie, et la poitrine velue; les Guaranis et les Coruados, au contraire, sont à-peu-près glabres, c'est-à-dire sans poils sur la poitrine ni au menton.

Dans l'espace contenu entre le grand fleuve des Amazones, dont les Omaguas habitent les premiers affluens, les

Andes et l'Océan, jusqu'en-delà du tropique, les Hommes ont, à peu d'exception près, la tête ronde, d'un volume disproportionné, enfoncée dans les épaules, lourde, aplatie sur le vertex, avec le front large, autant déprimé qu'il est possible; l'arcade sourcilière très relevée en dehors; les pommettes fort saillantes; les yeux éteints et petits; le nez aplati avec l'aile ouverte; les lèvres grosses, la bouche grande, avec les dents néanmoins verticales; la peau tannée, plutôt que jaune et cuivrée, et les cheveux noirs, plats, et semblables à du crin par leur consistance. Des mains et des pieds qui passeraient, dit-on, pour parfaits chez les Européens même, sont des compensations à la laideur de tous ces Américains. On les prétend être dépourvus d'intelligence, sans religion, même sans superstitions apparentes. La chasse avec la culture de quelques racines nourricières suffisent à leurs besoins restreints. L'arc et la flèche sont leurs armes, de même que chez les Colombiques, pour lesquels leur antipathie est extrême, au point de contact des territoires respectifs. Le nom de *Chiquitos*, donné à certaines de leurs peuplades par les Espagnols, indique qu'il en est dont la taille est au-dessous de la médiocre. On ne saurait trop recommander aux naturalistes l'étude de ces Hommes si mal distingués, parmi lesquels on trouvera certainement à caractériser des variétés, des races, et peut-être des espèces fort tranchées. (3)

---

(1) Ces Araucanos, premiers habitans que trouvèrent en delà du tropique méridional les conquérans européens, et dont la résistance opiniâtre fut éternisée par le poème de Don A. de Ercilla, étaient peu connus sous le rapport de leurs caractères physiques. M. Garnot, l'un des naturalistes de *la Coquille*, nous a donné quelques détails sur leur compte, dans le *Journal des Voyages* (septembre 1825). « Leur teint, dit-il, est cuivré, et la couleur est le seul rapport qu'ils présentent avec les Péruviens; ils sont forts, bien musclés; leur face est large et pleine, plus arrondie en bas que vers le haut; l'expression en est aussi féroce, qu'elle semble douce dans la figure des autres Américains. Du reste, barbares, ombrageux, audacieux, capables de supporter les plus grandes privations, ils vivent isolés par tribus soumises à des chefs, qui poussent de temps à autre des excursions dévastatrices vers les rivages qu'habitent les colons d'origine européenne ». Des auteurs ont cru reconnaître, dans ces Araucanos, des Neptuniens de race Océanique, et même des Mongols, parce qu'ils portent une sorte de bonnet qui ressemble à ceux dont usent quelques insulaires de l'Océan Pacifique,

et les Mantchoux. C'est chercher des traits de consanguinité plus loin que la pointe des cheveux, et nous ne saurions admettre de tels rapports, pour établir l'identité de race. Du reste, il ne paraît pas qu'on ait jamais accusé les Araucanos d'anthropophagie, ni d'offrir des sacrifices humains à la divinité, traits caractéristiques des Océaniens. Ils tuent, à la vérité, sans pitié les Espagnols qu'ils surprennent; mais c'est probablement parce qu'ils se souviennent que les Espagnols furent les aggresseurs, en venant égorger leurs pères au nom du Dieu des chrétiens.

(2) « Les Botocudos, souvent presque blancs, ressemblent plus à la race Mongole que les autres Indiens. Quand le jeune homme de cette nation, qui m'a accompagné, vit des Chinois à Rio-Janeiro, il les appela ses oncles ». (Auguste Saint-Hilaire, *Mém. du Mus., t.* IX, 1823.)

(3) Notre savant correspondant, M. le chevalier de Langsdorf, conseiller d'Etat de l'empereur de Russie, consul-général au Brésil pour S. M. Nicolas, vient d'entreprendre un important voyage, dont la relation jettera un grand jour sur l'histoire des espèces et des races humaines dans

l'Amérique méridionale. Cet illustre naturaliste nous écrit, qu'avec de grands bateaux qu'il a fait construire, il s'embarque sur la rivière appelée Tiété, dans la province de Saint-Paul. Cette rivière le conduit au Parana, d'où, s'enfonçant dans le Rio-Pardo, affluent de ce grand cours d'eau, et le remontant jusqu'à ses sources, il fera ensuite transporter par terre, durant quelques lieues, ses embarcations jusqu'au point où la rivière Tacuari, qui se jette dans le Paraguay, devient navigable; quand il sera parvenu dans le lit de cet immense fleuve, l'un des plus considérables du monde, il ne le quittera plus qu'il n'en ait atteint les dernières eaux; et là, recommençant son portage, il cherchera l'origine de quelque grand tributaire du fleuve des Amazones, pour terminer son expédition à Para. Nul homme n'aura conséquemment parcouru, dans l'intérieur des terres, une aussi prodigieuse étendue de pays, à travers une plus grande variété de climats et de sites divers, où n'ont pénétré que peu ou point d'Européens. Les naturels se montreront à M. Langsdorf dans leur état primitif, sans alliance de sang ou de croyances portugaises et espagnoles. Comme cet excellent observateur est doué d'un esprit positif qui ne se laisse point entraîner par son imagination, et qu'il est supérieur aux petits travers de certains voyageurs, qui présentent leurs découvertes comme avec un verre multiplicateur, on doit espérer les plus beaux résultats en tous genres, de l'expédition dont le plan nous a été adressé.

XI. Espèce Patagone. *Homo Patagonus.* Elle est la moins connue, mais son existence est certaine. Composée de très peu d'individus, elle semble être nouvelle et reléguée au-dessous du quarantième degré sud, dans la pointe qui termine, sous un climat déjà froid, l'Amérique méridionale; et même n'en occupe-t-elle que la rive de l'est. Elle y erre sans civilisation, misérable et pacifique, encore que les proportions gigantesques qui caractérisent les

Hommes dont elle se compose, semblassent devoir rendre ceux-ci guerriers et dominateurs ; mais leurs forces physiques ne paraissent pas être en proportion de leur taille moyenne, qui dépasse ordinairement cinq pieds dix pouces, et même six pieds de hauteur. Leur teint est basané; leurs cheveux, plats, bruns ou noirs, sont généralement fort longs. On n'a rien dit des traits de leur visage, mais on s'accorde à reconnaître que leur constitution ne présente aucune analogie avec celle des autres espèces d'Hommes du Nouveau-Monde. Leurs membres inférieurs ne sont pas grèles comme dans les autres espèces Australes, c'est-à-dire comme chez les Australasiens et les Mélaniens. Il paraît qu'ils dressent de petits chevaux, mais cet usage ne peut être chez eux que très moderne. La plupart vivent de pêche.

---

†† Ulotriques, a cheveux crépus.*

Vulgairement les Nègres.

On n'en connaît pas de blanches, non plus que d'américaines. Dans ce sous-genre, la couleur ne dépendra pas plus du climat que dans le précédent ; elle réside essentiellement dans le derme dont le docteur Chaussier a si bien fait connaître la structure ; l'épiderme y est étranger ; il ne remplit dans toutes les peaux, quelle que soit leur nuance, d'autre fonction que celle d'enveloppe pour mettre à

* Du grec ουλος *frisé*, *crépé*, et θρὶξ *cheveux*.

l'abri d'un contact douloureux les extrémités nerveuses épanouies, et pour s'opposer à l'évaporation trop considérable des fluides animaux.

XII. Espèce Éthiopienne. *Homo Æthiopicus.* Les traits de cette espèce sont tellement caractérisés, qu'on reconnaîtrait un Éthiopien au premier regard, eût-il le teint de la plus fraîche des Européennes. Indépendamment de la nature de ses cheveux laineux, de sa couleur noire, et du son de sa voix grêle, argentine, piaillarde, singulièrement accentuée; des distinctions anatomiques frappantes séparent totalement l'Éthiopien de tous les Hommes dont il vient d'être question. Ces distinctions organiques consistent, pour le squelette, dans la plus grande blancheur des os ; dans la boîte de la tête qui, très étroite en avant, aplatie sur le vertex, s'arrondit dans la région postérieure vers laquelle est reculé le trou occipital, et dont la capacité diffère d'un neuvième à-peu-près en moins de celle du crâne Japétique, les sutures y étant aussi en tout temps plus serrées ; dans l'intermaxillaire et dans le menton inclinés l'un sur l'autre avec des incisives obliquement implantées ; dans les os du nez considérablement aplatis, dans la largeur des os du bassin, surtout chez les Femmes, d'où provient la saillie souvent monstrueuse des hanches ; dans la cambrure des reins ; enfin dans la courbure sensible des cuisses et des jambes, conformation qui fait paraître toujours un peu arqués les Nègres les mieux faits.

M. Sœmmering a fait voir que le cerveau de l'Éthiopien était comparativement plus étroit que le nôtre, et que les nerfs à leur origine y étaient au contraire bien plus gros. On a remarqué en outre que, chez cette espèce, la face se développait d'autant plus en avant que son crâne se rapetissait; son sang est évidemment plus foncé, ainsi que la couleur de ses muscles, de sa bile et généralement de toutes ses humeurs; sa sueur fétide est aussi plus ammoniacale et tache le linge. Les mamelles, très basses chez les femelles, pendent dès la première nubilité en forme de poire avec un bout allongé, ce qui permet de donner à teter aux enfans par-dessus l'épaule. Elles ont aussi le vagin en tout temps large et proportionné au membre viril du mâle, souvent énorme, mais à-peu-près incapable d'une érection complète. La grande facilité avec laquelle conséquemment les Négresses accouchent dès l'âge de onze à douze ans où elles sont définitivement réglées, dégénère en inconvénient, et nulles Femmes ne sont plus sujettes à l'avortement; elles le sont au point, que des voyageurs ont imaginé qu'elles le facilitaient pour ne pas altérer leur beauté par des accouchemens trop multipliés, et que d'avares Colons les ont accusées de détruire par anticipation leur progéniture, afin de la soustraire à l'esclavage. Dans le fœtus, la tête n'est pas aussi grosse proportionnellement qu'elle l'est dans les autres espèces ; aussi la fontanelle du nouveau-né est très peu considérable et presque fermée dès la naissance, les os du crâne ne devant pas jouer les uns vers les autres, quand il est question de la délivrance.

Les Éthiopiens sont en outre sujets à des maladies particulières qu'ils ne communiquent pas, dit-on, aux autres espèces du genre Homme ; le pian est de ce nombre : on prétend que des nourrices qui en étaient affectées ne l'ont pas transmis à des nourrissons blancs. Chez eux, la petite-vérole, fort dangereuse, se développe avant quatorze ans ; on assure qu'après ce temps, ils en demeurent à l'abri. Éminemment nerveux, le tempérament dominant est cependant chez eux le flegmatique ; le battement du pouls paraît y être plus accéléré que chez les Japétiques de la race Germaine surtout.

Dans la figure de l'Éthiopien, le front étroit fuit vers l'arrière et les tempes où les muscles crotaphites sont fort prononcés; cette partie se ride transversalement de bonne heure. Les cheveux ou plutôt la toison s'y implante en rond, sans former sensiblement les cinq pointes dont le front européen emprunte sa principale beauté; le sourcil, proéminent et légèrement frisé, couronne un gros œil arrondi, saillant, toujours humecté, dont la cornée tire sur le jaunâtre, et la prunelle, assez petite, sur le marron foncé plus communément encore que sur le noir. Les cils sont très courts, les pommettes saillantes, les oreilles moyennes, mais détachées de la tête, comme dans les Siniques et certains Singes. Le nez est gros et épaté; les lèvres, fort épaisses et brunâtres, forment ce que l'on appelle familièrement une moue. L'intérieur de la bouche est d'un rouge souvent très vif; les dents proclives au point de ne pas permettre la prononciation de la lettre R, sont extrêmement blanches et fortes; le menton, court et arrondi, fuit en arrière; un peu de barbe, distribuée par petits pinceaux crépus, s'y voit çà et là; la moustache elle-même est médiocrement fournie.

L'alliance des races appelées communément Blanches, avec l'espèce dont il est question produit des Métis féconds qui tiennent du père et de la mère, et qui sont nommés MULATRES.

Un croisement suivi, ramène à la couleur primitive les enfans provenus de ces Métis ; selon que ceux-ci s'allient aux espèces Blanches ou à l'espèce Noire. Mais deux Mulâtres du même degré procréent absolument leurs semblables, et l'on peut concevoir conséquemment la possibilité de variétés constantes de plus, dans le genre humain, s'il arrivait quelques circonstances qui vinssent à isoler pour jamais des deux souches primitives, quelques-uns de leurs hybrides appariés.

Partout injustement réprouvés, les Mulâtres ne manquent cependant pas de cette beauté et de cette intelligence qui résultent en général du croisement des espèces ou des races. Les Nègres portent envie à la supériorité qu'ils prétendent s'arroger comme tenant des Blancs ; ceux-ci qui ne trouvent pas qu'il soit criminel de les procréer, n'imaginent pas non plus qu'il soit atroce de les dégrader, et c'est un trait déshonorant de l'histoire des Hommes d'espèce Japétique, que des coutumes avouées autorisent l'inhumanité avec laquelle ces derniers tyrannisent les fruits de leurs amours avec les Femmes d'espèce Éthiopienne. Dans toutes les colonies Européennes, chez les Français surtout, les Mulâtres furent traités avec un mépris que rien ne saurait justifier, et capable de soulever d'indignation les cœurs les plus apathiques. On dirait que les Blancs ne donnent le jour à des enfans de couleur que pour se procurer le satanique plaisir de les rendre misérables. Ces pères dénaturés auraient horreur de les reconnaître pour leur progéniture; mais que, justement révoltés de la plus insultante des oppressions, ces enfans du malheur osent s'apercevoir qu'ils sont aussi des Hommes et réclamer leurs droits naturels, ils deviennent des fils révoltés dignes des supplices réservés aux parricides; les verges déchirantes, les couperets, les roues, les potences et les bûchers punissent leur généreuse indignation; leurs pères blancs deviennent leurs bourreaux!!....

Soit par suite de leur conformation organique, soit parce que nulle base de civilisation convenable au degré de leurs facultés morales ne leur fut encore donnée, on ne saurait nier que les Éthiopiens paraissent, quand on les considère dans l'état d'abjection où nous les avons réduits, être fort inférieurs aux Hommes d'espèces Japétique, Arabique, Hindoue et Sinique, sous les rapports de l'intellect et de la sociabilité. En général paresseux, imprévoyans, ne tirant nulle expérience du passé, et comme sans mémoire, dédaignant, pour ainsi dire, de penser, ayant peu de besoins que la nature ne leur fournisse les moyens de satisfaire sans efforts, ils vivent ordinairement dans un état précaire qui n'est pas celui du Sauvage, mais qui n'est pas non plus une civilisation. Sans croyance religieuse ni culte, car le fétichisme n'est ni l'une ni l'autre, ils attribuent des propriétés surnaturelles à la plupart des objets qui frappent leur attention. Ceux-ci vénèrent un Serpent ou tout autre animal, ceux-là un Baobab ou tout autre grand arbre; les uns se taillent de petites figures en bois ou en pierres qu'ils invoquent, mais qu'ils insultent quand ces imitations grossières ne comblent pas leurs souhaits; les autres enfin placent leur confiance dans un simple ustensile et le prennent pour intercesseur près de quelque *Grigi* ou esprit follet. Le système religieux de l'antique Égypte, tout Arabiques que furent les premiers habitans de cette contrée, pourrait bien avoir emprunté de ce fétichisme Éthiopique ses dieux Crocodiles, Ibis, Chats, Mangoustes, Veaux et à tête de Chiens (1). Quoi qu'il en soit, certains sorciers, qui ne les ont pas encore réduits au joug de la théocratie, comme il arriva sur les bords du Nil, exercent néanmoins sur leur imagination un empire dont ils abusent souvent.

Les Éthiopiens sont généralement répartis en peuplades ou petites nations gouvernées despotiquement par des chefs ordinairement très sanguinaires, et presque toujours en guerre les uns avec les autres, dans le but de se faire des prisonniers dont on trouve le placement chez les marchands Européens de chair humaine. Ces peuplades, selon leur position géographique, vivent de pêche, s'adonnent au négoce, cultivent quelques menus-grains ou mènent la vie de pasteurs. Il en est d'essentiellement errantes, qui parcourent les régions les plus brûlantes de l'Afrique, Bédouins couleur d'ébène de l'équateur, et, à ce qu'on assure, anthropophages au plus haut degré; ceux-ci, ajoute-t-on, se rendirent dès long-temps fort redoutables, des sources du Nil à celles du Zaïre, sous le nom de Jagas. (2)

Polygames ou plutôt usant de plusieurs Femmes, selon qu'ils en éprouvent le besoin, les Éthiopiens semblent, sur les côtes fréquentées par les Blancs, moins occupés de la jouissance qui résulte du commerce des sexes, que du dessein de se faire des objets de trafic de leurs propres enfans qu'ils vendent pour un peu d'eau-de-vie, de poudre de chasse, de fer ou de verroterie. Vindicatifs, jactancieux, méprisant tout danger et prêts à braver les plus affreuses tortures dans leurs accès de fureur; de sang-froid, ils sont timides jusqu'à la faiblesse. Les sentimens de pudeur et d'humanité paraissent leur être également étrangers ; ils voient ou font couler le sang sans émotion, et livrent souvent à des tourmens inouïs leurs ennemis vaincus, leur arrachant la mâchoire inférieure ou quelque membre, pour suspendre ces affreux débris en trophées à leur tambour ; ils vont nus, armés de sagaies ou piques garnies de fer. Ce n'est guère que réduits en esclavage dans les colonies Européennes qu'ils consentent à porter le langouti, petit sac ou lambeau de toile bleue fixé autour des reins avec quelque lien, et employé pour contenir ou cacher les parties caractéristiques du sexe. Ceux qui, ayant pu essayer de nos manières et des commodités de la vie sociale, se sont aperçus qu'elles étaient préférables à leurs privations, ont adopté les vêtemens et les étoffes des peuples Européens avec lesquels le commerce les avait mis en rapport. Ils aiment la musique, mais une musique sauvage qu'ils font en chantant en parties et passablement d'accord, au son d'instrumens imparfaits marquant exactement la mesure. Ils aiment aussi passionnément la danse par laquelle ils représentent, avec une révoltante naïveté, des scènes lubriques.

Les Ethiopiennes passent pour très lascives, ou plutôt elles paraissent ignorer qu'on puisse repousser les sollicitations d'un homme, surtout lorsqu'il est blanc (3); elles sont toujours prêtes à se donner, même sans que l'idée de le faire devant plusieurs témoins paraisse leur répugner beaucoup, à moins que la crainte ne les retienne. Cependant il est quelques nations Nègres où une sorte d'état social ordonne la fidélité des Femmes envers les Maris, et où l'on punit l'adultère, en enterrant tout vifs les deux coupables. Les Nègres passent pour ne pas vivre aussi long-temps que les autres Hommes, et pour être décrépits dès soixante ans, même lorsqu'en liberté ils goûtent, dans une patrie, le genre de bonheur domestique dont il leur est donné de jouir. Leurs cheveux laineux blanchissent plus tard néanmoins que dans les espèces Léiotriques.

C'est à tort qu'on a regardé comme appartenant à des espèces distinctes, des esclaves provenus de diverses peuplades Éthiopiennes et transportés dans nos colonies. Parmi le grand nombre de ces malheureux que nous avons eu occasion d'y voir, parmi ceux même que nous avouerons y avoir possédés, et dont nous essayâmes d'adoucir l'infortune, nous avons reconnus de tels rapports, qu'il nous est impossible d'admettre entre eux des distinctions de races. Il y existe à la vérité des variétés qui pourraient paraître dans certains cas, et au premier coup-d'œil, presque des espèces; mais nous doutons que, d'après un examen scrupuleux, on puisse même, de passages en passages, parvenir à fixer d'une manière satisfaisante les limites caractéristiques de ces variétés.

L'Afrique fut jusqu'ici la patrie exclusive de l'espèce Éthiopienne (4).

Elle y occupe une vaste étendue de côtes le long de l'Océan, où le golfe de Guinée forme un enfoncement considérable, depuis le fleuve du Sénégal (5) par le seizième ou dix-septième degré nord, jusque par la hauteur de l'île Sainte-Hélène, c'est-à-dire sous le quinzième ou seizième degré sud; on voit que sur ce rivage occidental, elle ne sort guère des tropiques. Elle paraît n'en pas sortir non plus sur la rive opposée, où les habitans de ce qu'on nomme Cafrerie propre, le long de la côte du Natal, appartiennent à une espèce d'Hommes très différente. A l'ouest, les Foulis sur les bords de la rivière de Gambie, déjà un peu croisés avec les Maures; les Ghiolofs ou Iolofs, très noirs, grands et forts; les Sousous de Sierra-Leone; les Mandings de la côte des Graines, qu'on dit être fort méchans ; les Ashanties de la Côte-d'Or, belliqueux et réputés indomptables (6) ; les Nègres de la côte d'Ardra et de Bénin, d'où l'on tire aujourd'hui le plus d'esclaves ; les habitans de la côte de Gabon, qu'on redoute, et avec lesquels les Européens n'osent guère traiter ; enfin les nations un peu moins incivilisées de Loango, du Congo, d'Angole et de Benguèle, familiarisées avec les Portugais depuis plusieurs siècles, sont, dans les deux Guinées, la Boréale et la Méridionale, les peuples Éthiopiens les moins mal observés.

La géographie des parties intérieures de l'Afrique, depuis le huitième degré nord jusqu'au tropique du Capricorne, étant totalement inconnue, il est plus que douteux, encore qu'on l'ait gravé sur diverses cartes, qu'une haute chaîne de montagnes, courant parallèlement à l'océan Indien, sépare les peuplades de ses rivages de ceux des rivages opposés (7). On a au contraire de fortes raisons pour croire que quelques grands fleuves et de vastes lacs analogues au Niger ou au Tchad, les mettent en rapport d'une mer à l'autre entre le Congo et Mosambique. Nous avons autrefois possédé à l'Ile-de-France un Nègre, natif d'Angole, qui, ayant fait sans de grandes difficultés avec une sorte de caravane portugaise et à pied le trajet de ce pays à Sofala, ainsi que la chose arrive assez fréquemment, avait été vendu sur la côte orientale. Les peuples de cette côte sont tout aussi noirs que ceux de l'autre, et n'ont pas le front plus saillant ni le vertex moins comprimé. La plupart sentent mauvais, et semblent avoir la tête plus enfoncée dans les épaules. Loin d'être moins bruts, ils le sont au contraire davantage. Ce sont eux que, dans les colonies, sans distinction, et comme les plus grossiers, on appelle généralement Cafres, mais fort improprement, ainsi que nous le prouverons en parlant de notre 13e espèce du genre Homme.

Sur le canal de Mosambique, les Éthiopiens, distribués par peuplades moins bien connues que celles de l'Occident, habitent ce que nos cartes appellent l'empire de Monomotapa, et jusqu'à l'extrémité de la côte de Zanguebar, un peu au nord de la ligne. A partir de ce point, les rivages demeurent déserts, ou sont tombés au pouvoir de quelques tribus de l'espèce Arabique, et les Éthiopiens, s'enfonçant dans l'intérieur, se sont étendus jusque dans l'Abyssinie et dans la Nubie, où leur mélange avec l'espèce Indigène a produit des variétés encore peu connues, et qui passent pour être intraitables à force de barbarie (8). Du côté opposé et hors du continent, ils pénétrèrent aussi dans la grande île de Madagascar, dont ils occupent le couchant. C'est de ce lieu que les îles de France, de Mascareigne, et même les établissemens du cap de Bonne-Espérance tirent le plus grand nombre des esclaves que consomment les Colons.

De ce que les Éthiopiens n'appartiennent pas à la même espèce que ces Européens par lesquels nous les voyons opprimés, et qui prétendent sur eux une si grande supériorité morale, il ne s'ensuit pas que la nature ait condamné nécessairement ces Hommes à l'état de bêtes de somme, comme incapables de civilisation. Si, au lieu de leur porter des chaînes et des dogmes incompréhensibles, les premiers Blancs qui entrèrent en rapport avec des Nègres, les eussent traités en frères et leur eussent parlé le langage de la simple raison; si, au lieu de corrompre leur ingénuité par l'introduction d'un trafic scandaleux, en contradiction avec les principes qu'on leur prêchait, on leur eût donné de bons exemples, il est probable qu'on eût pu les conduire assez promptement à l'état de civilisation qui leur doit être propre. Il n'est pas permis de douter, que le commerce des Éthiopiens avec les Européens n'ait empêché chez les premiers la consolidation d'un état social naissant.

Avant que les Portugais eussent appris aux peuples commerçans à désoler les plages Africaines, les guerres y devant être fort rares, nul intérêt ne pouvait porter leurs habitans à se faire de leurs semblables une marchandise vivante; nous n'avons aucune preuve que les Nègres se mangeassent les uns les autres plus qu'ils ne se mangent aujourd'hui. Ils devaient au contraire vivre dans l'indolence, mais certainement moins à plaindre qu'ils ne le sont depuis qu'on imagina qu'avec l'autorisation du pape Léon X, on les pouvait, sans remords, arracher à leur terre natale, attacher à la glèbe étrangère, déchirer par l'écourge, et faire expirer à la peine, pour tirer de leur sueur du sucre et du café. Les bourreaux qui prirent la plume pour justifier ces horribles pratiques, avancèrent que le Noir était né stupide. Quelle preuve a-t-on jamais fournie à l'appui d'une telle assertion? la stupidité et l'ignorance des infortunés que dévorent nos colonies? mais quel être humain n'eût été abruti par la manière dont on y traite ces malheureux? les Nègres sont-ils donc les seuls que l'esclavage dégrade, et n'a-t-on pas vu des nations Blanches, courbées sous son joug honteux, tomber du faîte de la gloire au dernier degré de l'avilissement et de la corruption, en moins d'un dixième de siècle.

Ceux-là qui, parmi l'espèce Japétique, soutiendront avec le plus d'opiniâtreté que le genre humain est sorti d'un même père, sont précisément ceux qui prétendent que la traite des Nègres se peut tolérer sous l'empire d'une croyance consolatrice où tous les hommes sont considérés comme égaux devant la divinité. Il n'est sorte d'argumens calomnieux qu'on n'ait employés pour faire adopter cette abomination, et d'injures qu'on n'ait prodiguées à quiconque l'attaqua. On a osé donner un sens dérisoire au nom de philanthrope, et représenter le vertueux Las Casas comme le promoteur d'un genre de commerce dont s'indignait ce saint prélat. Un père de l'église de notre âge, le vertueux évêque Grégoire, a vengé d'une si odieuse inculpation la mémoire sacrée de son vénérable modèle. Les écrivains les plus illustres ont en France fulminé contre les horreurs de la traite. En 1774 seulement, les Quakers de Pensylvanie donnèrent l'exemple de son abolition, après l'avoir censurée en Angleterre dès 1727. Ce fut une grande victoire de la religion sur la cupidité humaine; mais elle ne fut pas due au catholicisme. Les Anglais avec le Danemarck, également hérétiques, imitèrent les Quakers, et défendirent la traite sur les côtes d'Afrique; cependant les premiers oublièrent en même temps d'abolir la presse, genre de traite qui s'exerce sur les Blancs mêmes des ports de l'empire britannique. Les Anglais oublièrent aussi de rendre la liberté aux esclaves dont le trafic, déclaré illicite, avait rempli leurs colonies; et maintenant qu'ils viennent d'assimiler cet infâme négoce à la piraterie, il n'est pas certain, quoi qu'en puissent dire leurs journalistes, qu'ils rendent à leur patrie les infortunés qu'ils prennent à bord des pirates capturés.

L'influence de l'Angleterre, sous la forme d'une concession faite aux lumières du siècle, paraît avoir exigé l'abolition de la traite dans les nouvelles lois françaises; mais comme le Portugal et l'Espagne continuent à l'exercer publiquement, des armateurs anglais et français se la permettent sans scrupule sous le pavillon de leurs alliés respectifs; on y prend seulement cette précaution de plus, que les Négriers ont à bord comme des cercueils où sont enfermés les esclaves, à l'apparition d'une voile suspecte, et qu'on jette à la mer, si le danger d'une visite devient imminent!!! (9). Et l'orateur, qui ne craindrait pas de déguiser à la tribune de telles atrocités, aurait-il le droit, aujourd'hui que tout s'imprime, de se plaindre si l'histoire, dans ses pages éternelles, marquait sa place au-dessous de celle de Carrier de Nantes, qui, du moins, ne désavoua jamais ses noyades. (10)

On doit signaler à la haine du genre humain, ainsi qu'aux malédictions des siècles, Alonzo Gonzalès, Portugais, qui le premier, en 1521 environ, régularisa les armemens appelés de traite. Le fort de la Mine, sur la Côte-d'Or, en Guinée, fut le point de l'Afrique où s'exerça d'abord ce brigandage inconnu de l'antiquité, où cependant l'esclavage était un usage adopté, soit qu'on l'admît comme conséquence d'un droit de conquête, soit qu'il fût l'application de la condition légale à quelque délit. Les Espagnols avaient, dès 1508, transporté des Africains à Saint-Domingue. Ce furent donc les deux nations catholiques, par excellence, qui persévèrent encore avec le plus d'acharnement dans la traite, qui en ont donné l'exemple! leurs raisons sont : « Que les Noirs, n'étant pas chrétiens, ils ne peuvent prétendre à la liberté d'Hommes ». Le cardinal Ximénès, ministre de l'empereur Charles-Quint, Louis XIII, roi de France (11) imitèrent le Portugal, et conséquemment on vit durant près de trois cents ans le rebut des nations chrétiennes, sortant de vingt ports Européens, sur des prisons flottantes, approvisionnées de chaînes, de verroteries, de petits coquillages et d'esprit de vin, accourir du Cap-Vert au Cap-Gardafui, sur les plages Africaines, dans le but d'échanger leurs marchandises contre des Hommes, ou de voler violemment, et sans échange, les enfans des Naturels. L'esprit de rapine et tous les vices s'introduisirent comme une contagion à l'arrivée de tels forbans dont les victimes, transportées d'abord dans les Antilles, puis en tout lieu où quelque Européen essayait de fertiliser un sol brûlant, ne tardèrent pas à s'élever annuellement à soixante mille. En 1768, la quantité en fut portée à cent et quelques milliers dont les Anglais achetèrent la moitié; en 1786, elle se soutenait au même taux. On peut évaluer à douze millions, au moins, le nombre des Africains transportés hors de leur pays depuis la fin du seizième siècle jusqu'à ce jour, sans que nulle part, ces infortunés accablés de travaux, et consumés par la fatigue, aient pu se perpétuer. Il a fallu que leurs possesseurs, en les usant, les remplaçassent sans cesse, comme dans les tueries des grandes villes on remplace le Bétail que dépècent les bouchers pour la consommation journalière.

Les détails de la traite, n'appartenant pas à l'histoire de l'humanité, nous aurons garde d'en attrister nos pages, mais que les oppresseurs se souviennent que la pesanteur du joug n'a point écrasé les Africains martyrisés dans Haïti; ils se sont redressés, ils se sont fait une patrie, ils y ont prouvé que pour être Noirs ils n'en étaient pas moins des Hommes; ils ont vengé l'espèce Africaine de la réputation d'invalidité qu'on lui avait établie; ils ont, au tribunal de la raison, protesté contre cette prétention de supériorité qu'affectaient sur eux, des maîtres qui ne les valaient pas, puisqu'ils étaient sans humanité et qu'ils continuent à les calomnier.

Nul doute que le cerveau de certains Éthiopiens, tout comparativement plus étroit qu'il puisse être, ne soit aussi capable de concevoir des idées justes, que celui d'un Autrichien, par exemple, le Béotien de l'Europe, et même que celui des quatre cinquièmes des Français qui passent pour le peuple le plus intelligent de l'univers. Dans une seule Antille encore, on voit de ces hommes, réputés inférieurs par l'intellect, donner plus de preuves de raison qu'il n'en existe dans toute la péninsule Ibérique et l'Italie ensemble. On en peut augurer que si les Africains, pervertis sur le sol natal par notre contact, y semblent devoir demeurer pour bien des siècles encore plongés dans la barbarie, il n'en sera point ainsi dans les îles lointaines où l'avarice européenne crut les exiler; le sol de ces îles, arrosé des larmes de leurs déplorables pères, engraissé du sang expiatoire de leurs oppresseurs, est maintenant fécondé, et les premiers germes d'idées libérales qui s'y sont développés ont produit, dès leur naissance, un genre de civilisation déjà supérieure à la civilisation de l'Europe caduque et corrompue.

Nous publierons, comme un exemple du degré d'instruction où peuvent parvenir les Éthiopiens, que l'homme le plus spirituel et le plus savant de l'Ile-de-France, était, quand nous visitâmes cette colonie, non un Blanc, mais le nègre Lillet-Geoffroy, correspondant de l'ancienne académie des Sciences, encore aujourd'hui notre confrère à l'Institut, habile mathématicien, et devenu, dès avant la révolution, par son talent et malgré sa couleur, capitaine du génie. Il est maintenant à Saint-Domingue plus d'un Lillet-Geoffroy dont la capacité et les hautes vues en politique ne sauraient être méconnues que par d'orgueilleuses incapacités européennes, et par des niais remplis de préjugés qui se disent les enfans de prédilection de la divinité. (12)

---

(1) Il est bon d'observer qu'il n'existe pas une seule religion sur le globe dont le commencement n'ait été une sorte de fétichisme; la religion juive elle-même est dans ce cas. Il est incontestable qu'avant cette merveilleuse RÉVÉLATION qui en fit une loi à part, et que Dieu ne daigna faire à Moïse qu'assez long-temps après la création du monde, ceux des patriarches membres de la famille privilégiée à laquelle l'Eternel se devait allier, mais qui ne jouissaient pas de sa familiarité, tombaient habituellement dans un véritable fétichisme. Ainsi Laban, propre neveu du patriarche Abraham, avec qui l'Eternel venait de faire alliance, oncle à la mode de Bretagne du patriarche Jacob, et doublement beau-père de celui-ci, Laban, à qui le vrai Dieu avait apparu et parlé (*Genèse, chap.* 31, *v.* 24), Laban, en un mot, l'un des parens ascendans

du Christ, avait des *Marmousets*, des petits dieux particuliers, que sa fille Rachel, représentant l'Eglise, lui vola, en quittant la maison paternelle (*loc. cit.*, *v.* 30, 32, 34); il n'est même dit nulle part que cette sainte Femme ait rendu les Marmousets à son père, et qu'elle ne les ait pas adorés.

En général les religions qui, excepté celle dont Rome est le centre, sont des amas de condamnables erreurs et de superstitions déplorables, s'étant formées dans les temps de la plus grossière ignorance, ont dû demeurer empreintes des ténèbres de leur origine. Leur introduction dans l'ordre social fut le plus grand des fléaux qui jamais aient frappé l'humanité. Ce fléau radical s'opposera peut-être pour jamais au perfectionnement de l'entendement humain.

L'habitude de tout adorer autour de soi passant du Sauvage à l'Homme dont la civilisation est fondée sur de fausses bases, celui-ci imagine avoir une croyance épurée, quand il adore les langes dans lesquels on le tient enveloppé et les chaînes sacrées dont on l'écrase. En s'éclairant, il abandonne à la vérité les Marmousets et les Fétiches de Laban, des Nègres, et de l'Egypte primitive; il sent qu'un Dieu immense, auteur de toutes choses, est seul digne de ses hommages; mais il prête toujours à ce Dieu quelques pièces de l'ancien costume qu'on lui supposa en l'entrevoyant, et dans son palais céleste, où l'on n'admet plus cette multiplicité de divinités subalternes qui déshonorent le paganisme, on lui donne une escorte d'esprits épurés, comme si on craignait qu'il s'ennuyât tout seul.

(2) Il ne faut pas confondre, comme par une faute d'impression on l'avait fait dans la première édition de cet article Homme, les Galas, Léiotriques de la race d'Adam, et dont il a été question dans une note de l'espèce Arabique, p. 199, avec les Jagas, Ulotriques Ethiopiens.

(3) Ceci doit s'entendre des Négresses qui habitent les contrées où l'espèce Ethiopique se trouve habituellement en rapport avec des Européens. Dans les parties intérieures de l'Afrique, où n'ont jamais pénétré des Blancs, leur couleur peut, au contraire, être d'abord une cause d'effroi ou de dégoût, ainsi qu'on le voit dans l'intéressante relation du major Denham (*t.* 1, *p.* 249); mais on peut croire que si le judicieux voyageur anglais nous eût tout dit, il

eût ajouté des preuves de plus à notre assertion.

(4) «*D'où y sont-ils venus*»? fut long-temps une grande question pour les voyageurs et pour les compilateurs, qui n'ont jamais demandé d'où venaient, dans la même portion de l'Ancien Continent, les Autruches, les Giraffes et les Crocodiles. Le philosophe de Ferney dit plaisamment et judicieusement à ce sujet : « Le Blanc qui le premier vit un Nègre, fut bien étonné; mais le premier raisonneur qui soutint que ce Nègre venait d'une paire blanche m'étonne bien davantage ». Il n'en est pas moins advenu un auteur qui, trouvant que l'écriture eut un type primitif commun à tous les peuples, et qui n'admettant en conséquence qu'un seul inventeur, hausse les épaules et sourit de pitié, lorsque nous essayons de prouver qu'un Noir et un Blanc diffèrent à-peu-près autant qu'un Taureau de Suisse diffère d'un Buffle de l'Inde. Il est vrai que ce savant démontre que l'Hymalaya, nouvellement mesuré, est le point d'où partit le genre humain au temps de Phaleg, que la Méditerranée et la mer Blanche sont la même chose, que le Chinois Fo-Hy n'est autre qu'Abel, que Chao-Hao ou Hinen-Hiao est Caïn son frère, que Ty-Ko est Mathusa-

lem, etc. Pour donner une idée de la force et de l'importance de presque toutes les démonstrations où se complaît l'auteur, il nous suffira de citer que, d'après ses recherches (*p.* 53), la lettre O est chez nous de forme ronde, parce que dans les anciens alphabets grecs elle était de forme carrée. Cependant le savant auquel la postérité devra cette grande découverte, complique étrangement la question de l'origine des Noirs. En nous apprenant tout ce qu'il doit à M. Becquey, *directeur-général de son corps*, ainsi qu'à beaucoup de personnages qui peuvent distribuer des places ou de l'avancement; en nous racontant comment il devint orphelin, quand il eut le malheur de perdre sa mère, et quels sont les médecins qui ne purent guérir celle-ci; en s'élevant surtout contre un siècle *si éminemment positif et industriel*, M. de Paravey qui est l'auteur dont nous signalons les tours de force, assure qu'Adam était *d'une couleur jaune rougeâtre par la vertu de la terre, d'où il fut appelé* Hoang-Ty, *ou le seigneur rouge ou jaune* (p. viij de l'introduction). Nous pourrions premièrement tirer parti de cette déclaration, pour fortifier notre système sur l'origine de la race Arabique, à laquelle nous avons réservé Adam pour premier père, d'autant plus qu'en hébreu, toujours selon M. de Paravey, la signification du nom d'Adam est aussi *le seigneur rouge ou jaune;* mais, sans nous soucier d'une preuve surabondante, nous prierons M. de Paravey de nous dire comment il conçoit qu'un homme rouge et jaune ait fait, outre des enfans comme lui, d'autres enfans blancs, et d'autres enfans noirs? Les anatomistes ont parlé d'individus pourvus de trois organes destinés à la secrétion de la liqueur fécondante, et que nous nous abstiendrons de nommer; M. de Paravey y pourra recourir; en attendant sa réponse, nous le laisserons avec son grand-père Yu, qui est, dit-il, le patriarche Japhet, et nous citerons le chirurgien Atkins, voyageur éclairé, qui observa les Nègres dans leur patrie, et qui n'hésite point à prononcer (*Voyage en Guinée, p.* 39) que les Ethiopiens viennent d'une souche toute différente de celle d'où sortirent les Blancs. Il paraît même les supposer autocthones.

Le missionnaire Labat (*Afrique occidentale, t.* II, *p.* 268) est à la vérité d'un autre avis qu'Atkins, et pense que l'opinion la plus raisonnable, parce qu'elle est adoptée par les Nègres eux-mêmes, est que Noé eut trois fils, l'un blanc, l'autre bronzé, l'autre noir, et qu'il leur fût donné des femmes de leur couleur. Mais les Nègres auxquels, sous l'empire du fouet, on n'a pas appris quelques lignes du catéchisme dans les plantations des Européens, ont-ils jamais seulement eu connaissance du nom de Noé? C'est ce qu'il faudrait d'abord éclaircir.

M. Virey (*Dictionnaire de Déterville*, *t.* XV, *p.* 175) va plus loin que le père Labat, en spécifiant nominativement de quels enfans de Noé sont respectivement sortis les Blancs et les Noirs. Les deux bons fils Sem et Japhet, qui cachaient les parties naturelles du saint patriarche leur père, quand il s'enivrait, furent les souches des basanés et des blancs. Les Américains sont aussi des enfans de Sem, qui, pour avoir été bénis dans leur père, n'en ont pas été mieux traités depuis par leurs arrière-petits-cousins. Cam, maudit par Noé « réveillé de son vin », comme dit le texte, peut se reconnaître dans les races Nègres et Hottentotes. Nous eussions desiré que M. Virey eût trouvé, pour appuyer son système généalogique, quelque passage où il fût établi, qu'au lieu de pâlir ou de rougir, ainsi qu'il arrive ordinairement dans la terrible position où Cam se trouva devant son père justement irrité, ce fils inique devint tout noir. Nous avons vainement cherché un mot où la malédiction fulminée par Noé emportât d'autre châtiment que l'asservissement de l'une des branches de sa descendance; et, qui plus est, il est évident, par les Saintes Ecritures, que l'arrêt n'eut pas son entière exécution, puisque de Cam sortit Nimbrod, qui, loin de servir ses frères, leur commanda; car il fut le premier qui commença d'être puissant sur la terre (*Genèse, ch.* IX, *v.* 8). Les fils de Canaan portèrent seuls la peine de leur père « Et, dit la Genèse (*ch.* X, *v.* 19), leurs limites furent depuis Sidon, quand on vient vers Guérar, jusqu'à Gaza en tirant, vers Sodome et Gomorrhe, Adma et Tséboïm jusqu'à Lésa ». Or, nous n'avons jamais ouï dire qu'on eût trouvé de Nègres indigènes entre de telles limites, qui sont à-peu-près celles de la misérable Palestine.

Un certain Jobson, cité dans l'*Histoire des Voyages* (*t.* III, *l.* VII, *ch.* XII), a spécifié le premier d'une manière physique, mais autrement que par la couleur de la peau, l'effet que produisit sur Cam et sur ses enfans la vengeance paternelle. « Il est défendu aux Mandingues, dit cet auteur anglais, d'approcher leurs femmes enceintes, parce que ce sont des mâles si puissans, qu'il n'y aurait jamais d'accouchemens heureux. C'est une preuve ineffaçable qu'ils descendent de Canaan, qui fut maudit du Ciel pour avoir découvert la nudité de son père; et, suivant nos écoles, la malédiction fut appliquée à cette partie, selon le verset 20 du XXIIIe chapitre d'Ezéchiel ». S'il existe des écoles où l'on enseigne de ces sortes de choses, les pères de famille feront fort bien de n'y pas envoyer leurs enfans.

D'autres graves docteurs ont trouvé l'origine des Nègres dans la race de Caïn, sur lequel, après qu'il eut assassiné son frère, « L'Eternel mit une marque, afin que quiconque le trouverait ne le tuât point (*Genèse*, ch. IV, v. 15) »; en promettant, par une vue de sa profonde sagesse, dont il ne nous est pas permis d'entrevoir la raison, de punir sept fois davantage celui qui attenterait aux jours du fratricide. Nul doute que la marque protectrice à l'abri de laquelle fut mis le meurtrier ne dût être la noirceur de la peau. L'homicide commis sur un Nègre serait dans cette hypothèse un crime sept fois plus punissable que l'homicide commis sur un Blanc, et les armateurs qui font la traite chargeraient sept fois plus leur conscience qu'ils ne croient le faire; mais de tels négocians peuvent se rassurer, en considérant que la race de Caïn ayant été noyée sans exception quinze ou seize cents ans après la création du monde, les nègres qu'ils noient depuis la restauration, où le commerce des esclaves est défendu, n'appartiennent pas à cette race du meurtrier Caïn, qui fut placée sous la protection de Dieu, et, conséquemment, qu'il était très dangereux de tuer.

(5) Alusio ou Louis Cadamosto, en 1455, remarqua le premier les limites qui séparaient la race Maure ou nos Atlantes, de l'espèce Ethiopienne. Il fut, dit-il, extrémement surpris de trouver la différence des habitans si grande à une si petite distance. Au sud de la rivière du Sénégal, ils étaient extrémement noirs, grands, bien faits et robustes; le pays était rempli de verdure et d'arbres à fruits. De l'autre côté, les Hommes n'étaient que basanés, et de bien moindre stature, sur une contrée sèche et stérile.

(6) Ces Nègres de la côte d'Or sont, selon les voyageurs Artus, Villault et Bosmann, peu diffé-

rens de ceux des rives du Sénégal et de la rivière de Gambie; cependant ils passent pour être plus beaux et plus intelligens. On leur donne une taille moyenne et bien proportionnée, un visage ovale, des yeux étincelans, des sourcils épais, une bouche pas trop large, des lèvres fraîches et vermeilles, moins grosses que dans les Hommes du pays d'Angole; un nez moins plat, une oreille très petite, peu ou point de barbe avant l'âge de trente ans, des épaules larges, des bras gros, des mains épaisses, des doigts longs, avec de grands ongles courbes; des jambes allongées, des pieds grands, où l'orteil se distingue par une sorte d'opposition, ce qui forme un passage aux Orangs. Ces Nègres ont d'ailleurs les reins très forts, le ventre plat, et peu de poils sur le corps. Ils sont voraces. Leurs Femmes ont le nez un peu courbé, les chairs pleines, et l'Abbé Prévost remarque qu'elles ont le sein parfaitement beau. (*Hist. des Voyages*, t. IV, liv. IX, ch. VIII.)

(7) On trouve cette chaîne conjecturale appelée *Epine du monde* jusque dans les ouvrages les plus modernes, et nous lisons dans un article *Homme*, qu'un journal nous a reproché de ne point avoir cité dans le nôtre, le passage suivant : « Les Cafres

ou Africains orientaux sont séparés des Nègres proprement dits, ou Africains occidentaux, par cette longue et large chaîne de montagnes, qui doit représenter dans l'Afrique équinoxiale les Cordillières de l'Amérique du Midi. Nous nous sommes occupés de ces montagnes, que les Européens n'ont pas encore visitées, dans plusieurs de nos cours publics et de nos ouvrages; nous avons souvent publié le vœu de les voir parcourir par des voyageurs éclairés, et nous regardons leur exploration comme devant être d'autant plus utile aux progrès des connaissances humaines, qu'elles doivent être, ainsi que les Cordillières, d'une très grande hauteur, pour avoir fourni, malgré leur voisinage de l'équateur, les eaux abondantes qui, s'échappant de leurs flancs, et coulant au travers de vastes contrées de la Torride, ou de pays très rapprochés de cette zone, se rendent en fleuves larges et nombreux, soit dans l'Océan Atlantique, soit dans le grand Océan.»

Il existe autant d'erreurs matérielles que d'assertions dans le peu de lignes que nous venons de transcrire. Excepté le Nil, aucun point des côtes de l'Afrique ne présente d'embouchures de fleuves aussi considérables que ceux de l'Asie et des Amériques, ou même de l'Europe, d'après lesquelles on puisse présumer l'existence de grands cours d'eau alimentés par des chaînes très élevées. Le capitaine Tuckey, de respectable et déplorable mémoire, a récemment reconnu que, jusqu'au Zaïre qu'on croyait être un autre Nil, aucun fleuve d'Afrique, excepté celui d'Egypte, n'était navigable à la distance où la Garonne et la Loire elle-même le sont chez nous. Les fleuves larges et nombreux dont on suppose ici l'existence, n'existent pas plus que l'Epine du monde; et l'Afrique, à peu d'exceptions près, présente, depuis le fond des cornes de la Mer Rouge jusqu'à l'embouchure du Zembesé, et depuis la rivière des Poissons jusqu'au Zaïre, et peut-être au fond du golfe de Guinée, des côtes épuisées à-peu-près comme celles de l'Australasie. Les voyageurs Européens qui, sur l'invitation de l'auteur, s'enfonceraient en Afrique, pour explorer les montagnes qu'il prétend séparer les véritables Africains d'avec les Cafres, courraient risque de mourir de soif dans de vastes plaines de sables mobiles, ou de se noyer dans les marécages dont on soupçonne l'existence sous le nom de Lac Marawi. Quelle nécessité physique y a-t-il à ce qu'une longue chaîne existe en Afrique, du Nord au Sud, parce qu'il y a des Andes en Amérique qui s'étendent du Sud au Nord? et que cette chaîne soit fort élevée, parce que les Andes sont très hautes? Mais Buffon avait affirmé qu'il devait exister un Continent polaire austral, pour faire le contrepoids des terres boréales. Le disciple devait prédire des Cordillières Ethiopiennes, pour établir une ligne parallèle aux Cordillières du Pérou!... Tel était l'esprit d'une école où l'on saisissait avidement toutes les occasions d'entasser des phrases ronflantes; mais tel n'est pas celui des véritables observateurs. C'est pour ne point avoir à nous inscrire en faux contre des déclamations presque perpétuelles du genre de celle qui fait le sujet de cette note, conséquemment par respect pour la mémoire d'un homme de bien qui nous était personnellement cher, que nous n'avons pas cité, dans le cours de cet ouvrage, l'article HOMME qu'on nous reprocha de ne pas avoir vanté; article que son auteur avait comme enseveli dans un vaste dictionnaire, au milieu d'excellentes choses qui en tempéraient les taches, et qu'une spéculation de librairie en pouvait seule exhumer. En voyant de nouveaux Cams mettre à découvert ainsi la nudité d'un père, nous nous sommes senti ému du même sentiment de pudeur que Sem, et nous avons essayé, par une pieuse réticence, d'y jeter notre manteau.

(8) Ces soi-disant Arabes pasteurs, qui d'abord se déclarèrent les ennemis de Mahomet, et qui finirent par embrasser sa loi, vivaient sur la côte Africaine de la Mer Rouge, et appartenaient à l'espèce Ethiopienne. Ils se sont répandus plus tard dans l'Arabie Heureuse où on les reconnaît toujours à leur peau noire, ainsi qu'à leur tête couverte de laine (*Bruce*, *t.* II, *p.* 258). Les habitans de l'île Foosht dans la Mer Rouge, sont encore de ces Ethiopiens crépus et noirs de peau. (*Bruce*, *t.* III, *p.* 12.)

(9) On a récemment évalué dans une feuille publique, à six mille individus, le nombre des victimes qui ont été ainsi jetées annuellement à la mer depuis la restauration française, par des navires armés pour la traite. On attribue la moitié de tels allégemens de cargaison à des Nantais, qui paraissent avoir profité des leçons qu'on leur donna en 93 ; un quart à des Espa-

gnols; le dernier quart est réparti entre les armateurs du reste de l'Europe. Ce qu'on ne sait guère dans cette partie du monde, où l'on croit généralement les horreurs de la traite restreintes aux côtes Africaines, c'est que des Anglais et surtout beaucoup de Hollandais se livrent avec une prodigieuse activité au même trafic sur les rives désolées de la Nouvelle-Guinée qui se dépeuplent en silence. Au train dont y vont les marchands bataves de chair humaine dans les îles et les terres de ces régions nouvellement découvertes vers l'Océan Pacifique, la race Papoue disparaîtra incessamment sur la face de la terre, et comme l'espèce Colombique n'existera bientôt plus que dans nos livres (*Voy*. p. 13 de ce vol.).

(10) M. Dudon, auditeur au Conseil d'Etat sous l'empire, conseiller d'Etat et député à la chambre septennale sous la dynastie légitime, a, dans un discours prononcé le 17 mai 1825, et consigné dans un supplément au *Moniteur* du 18, M. Dudon, a qualifié de *déclamations exportées d'Angleterre*, les argumens employés pour obtenir du gouvernement français des lois efficaces contre la traite. « Ces déclamations, dit-il, font peu de sensation sur

l'opinion publique et sur l'esprit des armateurs de nos ports de mer. La Grande-Bretagne qui menace de ses armes toutes les puissances qui n'interrompront pas le commerce de la traite, fut vers le milieu du siècle dernier sur le point de rallumer la guerre en Europe, parce que l'Espagne refusait de renouveler le traité de l'*asiento*, qui lui accordait le privilège exclusif d'approvisionner de Noirs les colonies espagnoles; cependant les principes étaient les mêmes, la morale n'a pas changé, les commandemens de l'humanité parlaient aussi haut que maintenant; et cette question sur laquelle on prétend aujourd'hui exciter notre indignation a été longtemps agitée au parlement d'Angleterre; il a fallu quinze ans pour avoir cette décision, à laquelle on attache tant de prix. Mais n'oubliez pas quelles furent alors les grandes conquêtes de l'Angleterre sur l'Inde. Elle reconnut que l'existence des Antilles était la chose la plus incompatible avec la prospérité qu'elle attendait de ses nouveaux établissemens. La France pouvait reprendre son ascendant sur les Antilles; y interdire l'introduction des Noirs était le plus sûr moyen de l'affaiblir. Il est fâcheux de le dire : cette considération fit sur le parlement anglais plus d'impression que cette singulière philosophie qui, en s'appitoyant sur le sort des Noirs, applaudissait à tous les excès de la révolution française..... Si l'on avait bien consulté les véritables intérêts de l'humanité, puisqu'il est impossible d'empêcher les peuplades nègres de se faire la guerre et d'immoler les captifs qu'ils ne peuvent vendre, il eût été plus humain de s'en tenir aux anciennes ordonnances de nos rois, aux ordonnances de Louis XIII et de Louis XIV, qui avaient prescrit quels étaient la quantité des personnes qui devaient composer les équipages et le nombre d'hommes qu'on embarquerait.... Mais cessons d'outrager par des déclamations, les rois dont la France vénère la mémoire et celui dont la tombe est à peine fermée : au traité de Vienne la traite a été abolie ; mais nos négociateurs étaient trop instruits pour l'abolir immédiatement. Sa Majesté Louis XVIII exigea que ce commerce fût libre en France pendant cinq années. Eh quoi! vous voudriez que Louis XVIII eût proclamé que ses sujets feraient pendant cinq ans un commerce que l'humanité réprouverait!.... Si vous voulez qu'on ait en horreur la traite des Noirs, cherchez à empêcher les récits des voyageurs. S'il faut les en croire, les Nègres sont plus malheureux dans leurs pays que s'ils étaient captifs ; ils sont égorgés quand ils ne peuvent être vendus à des Européens. Quand ils sont entre les mains de ceux-ci, ils reçoivent les traitemens d'un maître qui a intérêt à les conserver; ils reçoivent les secours de la religion qui apprend à l'Homme à trouver des consolations dans quelque condition que le sort l'ait placé; voilà ce qui doit vous prouver qu'on ne doit pas aggraver la législation touchant la traite.... Les Anglais seuls sont véritablement intéressés dans ce commerce. Sachez qu'ils font les fonds des armemens et les assurances. Dites-nous ce que sont devenus les esclaves qu'ils ont trouvés à bord des bâtimens qu'ils ont saisis? ils sont au service de l'Angleterre; quelquefois ils ont été mis en apprentissage, et ils peuplent leurs colonies. On devait naturellement s'attendre, d'après l'indignation que l'Angleterre témoigne contre la traite, que ces nègres auraient été rendus à leur patrie. Il n'en est pas ainsi, l'Angleterre se les attribue. Il est vrai que par une espèce de subterfuge très commun dans sa politique, ce n'est pas en toute propriété qu'ils conservent les nègres arrêtés, mais seulement pour vingt, vingt-cinq ou trente ans.... Ne nous laissons donc pas aller à des déclamations.... Je crois que ces explications suffisent, et que nous ne verrons plus renouveler des discussions où l'on cherche à mettre tant d'éclat. Mais je me rappelle un fait qui a été cité. Quelques épiciers de Paris ».... Ici M. Dudon a été interrompu par M. Benjamin Constant qui lui a représenté qu'un épicier de Paris valait autant qu'un conseiller d'Etat, l'eût-il été sous tous les régimes.

(11) « Ce prince, dit Montesquieu, se faisait une peine extrême de la loi qui rendait esclaves les Nègres de ses colonies : mais quand on lui eut bien mis dans l'esprit que c'était la voie la plus sûre pour les convertir, il y consentit » (*Esprit des lois*, XV, IV). Montesquieu est digne de sa réputation dans tout ce qu'il a écrit sur la traite, pour laquelle il éprouvait une véritable horreur. Son chapitre V du livre XV, à ce sujet, est un chef-d'œuvre de fine ironie et de solide raison. Il nous paraît essentiel pour caractériser l'époque où s'imprime le présent ouvrage de mettre, au sujet de la traite, Montesquieu en parallèle avec un

homme d'état parlant le 22 janvier 1827, devant une assemblée dont l'essence semble devoir être de présenter l'élite des personnes éclairées de la France. Le ministre de la marine présentant à MM. les députés un projet de loi pour la répression d'un genre de commerce « dont les actes les plus barbares peuvent, dit-il, être la suite, et qui peut-être malheureusement l'ont été » ; ce grand fonctionnaire se croit d'abord obligé de prévenir ses auditeurs qu'il ne soutiendra son projet que par des considérations purement politiques, et que ce n'est pas dans les règles du droit naturel ou dans les notions du juste et de l'injuste qu'il a puisé ses motifs, etc !.. Existerait-il donc une classe de législateurs, à qui des argumens tirés de la raison et de la vertu donnassent de l'ombrage et qui se dussent cabrer contre une loi bienfaisante qu'on proposerait au nom de l'humanité ?

(12) Le respectable évêque Grégoire nous a révélé, dans une excellente brochure publiée sous le titre de *Noblesse de la peau* (in-8°, chez Baudouin. Paris, 1825), peu après l'apparition de notre article Homme, une nouvelle notabilité dont l'espèce Ethiopique se peut enorgueillir. Nous y lisons (*p.* 15) « Dans les premiers temps

de la révolution française, les Colons du Cap français exclurent de leurs rangs, comme *Homme de couleur*, M. Lainé, aujourd'hui ministre d'état et pair de France, le même qui en 1819, déploya tant de fureur contre un député de l'Isère, etc. »

XIII. Espèce Cafre. *Homo Cafer*. Ce nom de Cafre n'eût jamais dû être admis en histoire naturelle non plus qu'en géographie : il vient de l'arabe où il signifie proprement *infidèle*. Les Mahométans, en faisant des progrès au cœur de l'Afrique, y prétendirent originairement flétrir, par cette désignation, tout Homme noir qui refusait d'adopter la circoncision, et comme ils nous appellent Chiens. Maintenant, par un consentement presque unanime des voyageurs, ce nom de Cafre demeure restreint pour désigner une seconde espèce de Nègres de l'Afrique, qui occupe vers le Sud, sous le tropique ou assez loin en dehors et dans l'Ouest, un espace triangulaire dont la base serait le vingtième degré, et le sommet par le quarante-deuxième, l'extrémité antarctique de la côte de Natal. Les Nègres, pour lesquels, malgré son impropriété, nous proposons de l'adopter, étaient fort imparfaitement connus et confondus tantôt avec l'espèce Éthiopienne, tantôt avec l'espèce Hottentote, avant le voyage de notre savant ami le professeur Lichteinstein, naturaliste prussien, en 1805, et de Brachel, naturaliste anglais, de 1820 à 1822. (1)

La Cafrerie peut avoir deux cent vingt-cinq lieues de l'Est à l'Ouest, sur trois cents au moins du Nord au Sud.

Le bassin de la rivière Schtabi, qui se jette dans la rivière d'Orange au pays des Hottentots, en doit faire partie : région à peine connue où le thermomètre ne descend guère qu'à huit degrés au-dessus de o durant l'hiver et ne monte guère au-dessus de vingt-six pendant l'été.

Les Cafres, suivant l'un des collaborateurs de M. Courtin * « diffèrent également des Nègres, des Hottentots et des Arabes avec lesquels ils confinent. Le crâne des Cafres présente, comme celui des Européens, une voûte élevée; leur nez, bien loin d'être déprimé, s'approche de la forme arquée ; ils ont la lèvre épaisse du Nègre et les pommettes saillantes du Hottentot; leur chevelure crépue est

* *Encyclopédie moderne*, tom. V, p. 144.

moins laineuse que celle du Nègre; leur barbe plus forte que celle du Hottentot. Ils sont, en général, grands et bien faits; la couleur de leur peau est d'un gris noirâtre qu'on pourrait comparer à celle du fer quand il vient d'être forgé. Mais le Cafre ne se contente pas de sa couleur naturelle, il se peint le visage et tout le corps d'ocre rouge réduite en poudre et délayée dans l'eau. Quelquefois les Hommes, et plus souvent les Femmes, y ajoutent le suc de quelques plantes odoriférantes. Les Femmes diffèrent beaucoup des Hommes par la taille; elles atteignent rarement à celle d'une Européenne bien faite; d'ailleurs elles sont aussi bien conformées que les Hommes. Tous les membres d'une jeune Cafre offrent ce contour arrondi et gracieux que nous admirons dans les antiques ; leur physionomie annonce la douceur et la gaîté. Les habits des Cafres sont faits avec les peaux des animaux qu'ils tuent à la chasse ou de ceux qu'ils élèvent. Ils ont pour ornemens des anneaux d'ivoire ou de cuivre qu'ils portent au bras gauche et aux oreilles. Le bétail fait leur principale richesse ; la culture des terres leur fournit une partie de leur subsistance : les Femmes sont chargées de ce travail. Chez les Coussas, à l'âge de douze ans, les enfans des deux sexes reçoivent une sorte d'éducation auprès du chef de la horde ; on les partage en plusieurs bandes qui se relèvent à mesure que le service l'exige. Les garçons sont chargés de la garde des troupeaux, en même temps que les officiers du chef les exercent à lancer la javeline, à manier la massue et à courir. Les Filles apprennent, sous les yeux des femmes du chef, à faire des habits, à préparer des alimens, en un mot, à s'acquitter de la besogne du ménage et à soigner le jardin. De nombreux troupeaux de vaches fournissent aux Cafres le laitage qui fait leur principale nourriture; ils le mangent toujours caillé, et le conservent dans des outres ou dans des paniers de jonc d'un travail admirable, où il ne tarde pas à s'aigrir. Ils font rôtir ou bouillir la viande : ils broient les grains de millet et en humectent la farine avec du lait frais, ou bien ils font renfler les grains dans l'eau chaude, et s'en nourrissent sans y mêler aucun assaisonnement. Tous sont passionnés pour le tabac. Les Betjouanas mangent avec plaisir la chair des bêtes sauvages et des gros oiseaux qu'ils tuent à la chasse. Les Coussas ont une horreur invincible pour la chair des Porcs, des Lièvres, des Oies, des Canards et des Poissons. Les Betjouanas partagent leur aversion pour ce dernier mets. Ils ignorent l'art que possèdent les Coussas d'extraire des grains fermentés une boisson enivrante; mais ils ont bu avec plaisir le vin et l'eau-de-vie que les Européens leur ont présentés. La boisson ordinaire de tous ces peuples est l'eau pure. Tous les Cafres sont très actifs; ils ont un goût décidé pour les longues courses; ils poursuivent pendant plusieurs jours de suite les Éléphans auxquels ils font la chasse. Cependant ils ne mangent pas la chair de ces animaux, et les dents sont la propriété du chef de la horde : ils entreprennent souvent des voyages uniquement pour voir leurs amis ou bien pour changer de place. Les Coussas ont un penchant décidé pour la vie pastorale et pour la tranquillité ; néanmoins ils ne balancent pas à prendre les armes pour défendre leur patrie ; ils ont même tenu tête à des troupes Européennes. Un traité conclu avec le gouvernement du Cap leur assure la possession de leur pays borné par des limites convenues du côté de cette colonie. Les Cafres sont soumis à des chefs particuliers qui se font souvent la guerre ; ils observent des formes avant de s'attaquer. Ce n'est qu'aux Boshismens qu'ils font une guerre à outrance ; ils les traitent comme des bêtes féroces. Tous les voyageurs s'accordent à dire qu'avant d'être corrompus par leurs communications avec les Européens, qui les ont rendus querelleurs et cruels, les Cafres étaient un peuple hospitalier, bon et affable, qui accueillait amicalement les malheureux jetés par le naufrage sur les côtes de leur pays, et leur donnait des guides pour les conduire à plusieurs centaines de milles, aux comptoirs des Blancs. Quelques naufragés n'ont pas éprouvé une réception aussi bienveillante; cependant on a vu des exemples récens qui prouvent que l'humanité n'est pas bannie du cœur des Cafres qui habitent sur les bords de la mer. Dans leurs guerres avec les colons du Cap, guerres désastreuses causées par les instigations de quelques mauvais sujets, par l'arrogance des Blancs, par leur abus de la force, par leurs fraudes dans le trafic, les Coussas ont montré un ressentiment profond des injures qu'ils avaient reçues ; mais rien n'a été plus facile que de traiter avec eux, en invoquant leur équité naturelle. Le droit du plus fort ne règne pas chez eux; il n'est permis à personne d'être son propre juge, excepté le cas où un homme surprend sa femme en adultère. »

« Beaucoup plus éloignés de l'état de nature que les Coussas, les Betjouanas connaissent l'art de la dissimulation, et savent ménager avec adresse leurs intérêts personnels. M. Lichteinstein observe que souvent l'expression de leurs yeux et le mouvement de leur bouche annoncent l'Homme dont la sensibilité est déjà active sans être encore raffinée. Avides d'instruction, ils accablent les étrangers de questions. La facilité de leur mémoire se manifeste par la promptitude avec laquelle ils retiennent les mots hollandais, et même des phrases entières qu'ils prononcent beaucoup mieux que les Hottentots dans la colonie du Cap. La langue des Cafres est sonore, riche en voyelles et en aspirations, bien accentuée et très douce; elle a, moins fréquemment que celles des Hottentots et des Boschismens, ces claquemens de la voix qui font paraître ces dernières si étranges; on ne les a pas remarqués chez les Betjouanas. Ils croient à une intelligence suprême et indivisible; ils ne l'adorent pas, ne la représentent point par des figures et ne la placent pas dans les corps célestes. Ils ont des devins qui, chez les Betjouanas, président à des sortes de cérémonies religieuses (2); leur chef est le premier personnage après le roi. Ces cérémonies sont principalement la circoncision des enfans mâles, la consécration des bestiaux et la prédiction de l'avenir. Ils ne connaissent pas l'écriture; leur arithmétique se borne à l'addition; ils comptent sur leurs doigts, et manquent de signes pour les dizaines. »

La construction de leurs maisons et de leurs enclos les distingue avantageusement des autres peuples de l'Afrique méridionale. Ces maisons sont généralement circulaires : la distribution en est bien entendue; l'intérieur est frais et aéré; elles sont entourées d'un espace formé par une espèce de treillage, et ont devant leur entrée un portique. On a trouvé chez les Betjouanas des réunions de maisons formant des villes considérables. Litakou, capitale des Matjapins, renferme près de dix mille habitans. Campbell pense que la population de Macheou est de dix mille âmes, et celle de Kourochau, capitale des Maroutzés, de seize mille âmes.

Les Maroutzés et les Makinis fournissent aux autres Betjouanas les couteaux, les aiguilles, les boucles d'oreilles et les bracelets de fer et de cuivre que les voyageurs ont été si surpris de rencontrer chez ces peuples, conséquemment plus avancés vers la civilisation que les Éthiopiens, probablement parce que la traite ne fut point introduite chez eux. Ces Cafres ont encore d'autres arts; ils savent faire d'assez bonne poterie, composent de la ficelle et diverses étoffes avec des fibres végétales tirées de diverses écorces, sculptent avec une certaine perfection différentes figures sur la poignée et la gaîne de leurs couteaux qu'ils portent au cou, sur le manche de leurs javelines, arme bien plus perfectionnée que la zagaie, ainsi que sur les ustensiles de bois dont se compose leur ménage: on dirait le degré de civilisation ou étaient parvenus les anciens Étrusques. Ils aiment la musique comme les autres Africains; ce sont eux, et non les Hottentots, qui se réunissent pour chanter en chœur et danser au bruit des instrumens durant les nuits de pleine lune.

« Aussitôt, est-il dit dans l'Encyclopédie moderne, qu'un jeune homme pense à s'établir, il emploie une partie de son bien à l'acquisition d'une femme; elle lui coûte ordinairement une douzaine de bœufs. La première occupation d'une nouvelle mariée est de bâtir une maison avec ses dépendances; elle doit abattre elle-même les bois qui entreront dans sa construction; quelquefois sa mère et ses sœurs l'aident dans ce travail. Quand le Betjouana voit son troupeau de bétail s'accroître, il pense à augmenter sa famille, en prenant une seconde femme qui, de même que la première, est obligée de bâtir sa maison et d'y joindre une étable et un jardin. Ainsi le nombre des femmes d'un homme donne la mesure de sa richesse, l'on peut conséquemment dire qu'ils sont régulièrement polygames ; les femmes Betjouanas paraissent très fécondes. »

C'est en vain qu'on a tenté d'introduire le christianisme chez cette espèce d'Hommes ; les missionnaires les plus zélés ont dû renoncer à l'espoir de les convertir.

Quelques familles Cafres ont pénétré jusqu'à Madagascar dont elles occupent une partie de l'extrémité méridionale. Ainsi quatre espèces du genre humain ont des représentans sur les quatre rivages de cette île oblongue : des Arabiques y peuplent les terres septentrionales, des Neptuniens les côtes de l'Orient, des Éthiopiens celles de l'Ouest, et des Cafres le Midi. Nous avons eu occasion d'observer plusieurs de ces derniers : ils étaient d'une haute stature, robustes, admirablement proportionnés, ayant la poitrine large, l'air ouvert et délibéré; ils ne répandaient aucune mauvaise odeur : la peau fraîche de leurs femmes surtout, lesquelles étaient de la plus grande beauté comme Négresses, avait quelque chose d'agréable et de satiné au tact; le poil était disséminé sur certaine partie de leur corps en petits pinceaux fort courts, rares et excessivement appliqués contre la peau. On n'eût pas impunément tenté de réduire ces Cafres à l'esclavage; ils venaient vendre des bœufs et du riz de leur pays à l'Ile-de-France, où ils étaient accueillis avec plus d'égards que les autres Nègres.

---

(1) Ce qu'on savait de plus positif sur les Ca-

fres se trouvait dans la relation du premier voyage de Levaillant où on lit (*chap.* v, *p.* 386 et 387) que cet ornithologiste n'en a pas vu qui eussent moins de cinq pieds cinq pouces, et qu'en général ils en ont huit ; leur taille est conséquemment bien plus élevée que celle des Hottentots leurs voisins ; ils sont d'ailleurs plus fiers et plus hardis, n'ont point les pommettes proéminentes ni le bas de la figure mince et rétréci ; leur face n'est pas large et plate et leurs lèvres ne sont pas épaisses comme dans les Nègres de Mosambique. Ils ont au contraire la figure ronde, le nez élevé, pas trop épaté, l'œil grand, le front large et haut sur lequel se dessine agréablement l'origine des cheveux. Les Femmes avec leurs cheveux crépus et couleur d'ébène seraient encore jolies à côté des Européennes.

(2) Selon le même voyageur (*p.* 393) les Cafres au contraire ne se livrent à aucune pratique religieuse, et ne prient jamais ; de sorte qu'on peut très bien dire qu'ils n'ont pas de religion, s'il est vrai qu'il n'en existe pas sans culte : ils n'ont point de prêtres, mais en revanche ils ont déjà des sorciers.

XIV. Espèce Mélanienne. *Homo Melaninus.* Les Hommes de cette avant-dernière espèce pourraient au premier coup-d'œil être confondus avec les Éthiopiens, mais outre qu'ils semblent être par rapport à ceux-ci, d'après leur habitation maritime, ce qu'est l'espèce Neptunienne par rapport aux autres Hommes à cheveux lisses, leurs membres grêles, ainsi que dans les Australasiens, les en distinguent suffisamment. On dirait des Africains par leur tête ou par leur tronc, et des hommes de la Nouvelle-Galles du Sud par leur extrémité. Comme les Malais, ils n'ont pénétré bien avant dans aucune terre. Il s'en trouvait, si l'on s'en rapporte aux traditions Japonaises, jusque dans le sud de l'île de Niphon, mais il n'en existe plus par le trente-cinquième degré Nord. On en rencontre aujourd'hui dans la terre de Diémen par quarante-quatre degrés Sud, le long du détroit d'Entre-Casteaux, où M. de Labillardière acquit des preuves de leur goût pour la chair humaine (1). M. Freycinet nous a assuré, sans l'avoir pourtant encore imprimé nulle part, qu'on les retrouvait dans la Terre-de-Feu, au midi de l'Amérique, par le cinquante-cinquième parallèle, c'est-à-dire sous un ciel très froid; une telle assertion ajoute une nouvelle preuve à cette vérité déjà énoncée plus haut, que ce n'est pas exclusivement de l'ardeur des climats équatoriaux où l'on observe des races parfaitement blanches, que dépend, chez les Hommes, la couleur noire de la peau.

Les Mélaniens, comme s'ils s'étaient éparpillés de cap en cap, habitent encore quelques points de Formose, des Philippines, de la Cochinchine, de la presqu'île de Malaca, de Bornéo, de Célèbes, de Timor, des Moluques, la plus grande partie de la Nouvelle-Guinée, l'archipel du Saint-Esprit, la Nouvelle-Calédonie et les îles Fidji. Dans ces trois derniers groupes, dans celui de Fidji surtout, ils sont belliqueux et anthropophages au plus haut degré. M. de Labillardière rapporte qu'à ce féroce appétit ils joignent l'habitude de manger en assez grande quantité d'une sorte de terre argileuse colorée en vert par le cuivre *. On cite d'autres exemples de géophagie dans l'Amérique méridionale, mais les géo-

* *Voyez* note 9 du § 1, *p.* 59 *et suiv. du t.* 1.

phages de cette partie du monde ne mangent pas de stéatite pure, et mêlent toujours un peu de graisse à l'argile qu'ils avalent pour se lester l'estomac.

Hors des îles de Fidji et de la Nouvelle-Calédonie, timides, stupides, fainéans, les Mélaniens, vivent misérablement et se contentent de quelques racines ou de coquillages qui leur sont prodigués par la mer. Il en existait dans l'intérieur de Java; mais ils paraissent y avoir été dès long-temps détruits comme au Japon ou réduits en esclavage. Il n'est pas vrai qu'il y en ait jamais eu à Madagascar, comme on l'a avancé quelque part, d'après des autorités suspectes.

On avait jusqu'ici entièrement confondu les Mélaniens avec les Papous que nous savons, d'après les excellentes observations de MM. Quoy et Gaimard, en être distincts. Ce sont ces deux observateurs qui, avec leur sagacité accoutumée, viennent de caractériser récemment d'une manière précise les Hommes dont il est ici question, et de compléter les idées que nous en donnaient les portraits tracés par Petit *. Ces caractères consistent dans la couleur de la peau qui est plus noire encore que celle des Éthiopiens les plus foncés, dans leur tête ronde où le crâne est antérieurement et latéralement déprimé, sans que l'angle facial soit néanmoins aussi

* *Voy*. les pl. 4, 5, 6, 7 et 8 de l'atlas du voyage aux Terres Australes, seconde édition, publiée par notre ancien compagnon de voyage, M. Freycinet.

aigu que chez les autres Nègres ; dans des cheveux laineux plus courts et plus pressés contre la tête que chez tous les autres Hommes, implantés en rond par le tour sans pointes prononcées en saillies, soit sur le front, soit vers les régions temporales ; dans l'arcade sourcillière et les pommettes extrêmement proéminentes ; dans l'œil plus petit que chez les Australasiens, fendu en longueur, avec la prunelle verdâtre tirant sur le brun ; dans un nez excessivement épaté et dont les ailes minces et déprimées de haut en bas sont excessivement ouvertes, répondant par l'étendue qui existe de l'extrémité de l'une à celle de l'autre à toute l'ouverture de la bouche, laquelle est grande, non saillante en manière de museau, mais formée de lèvres épaissies en arc prononcé, et colorées d'incarnat assez vif au lieu d'être brunâtre. Ils ont le menton presque carré avec peu de barbe implantée principalement dessous. Leurs cuisses et leurs jambes maigres, longues et disproportionnées au corps, les rapprochent des Australasiens à cheveux unis. Les Femelles asservies, hideuses, sales, fétides, ont le sein bas, gros, mou et pourtant plus hémisphérique que pyriforme, encore qu'il devienne pendant de fort bonne heure.

La plupart des Mélaniens paraissent n'avoir pas même le développement d'intelligence nécessaire pour se construire des habitations; à peine abrités par des abat-vents, ils vivent en général exposés à toutes les intempéries des saisons; à la Nouvelle-Guinée, cependant, ils se font des huttes situées sur quelque lieu élevé d'où ils dominent les forêts; ces huttes sont encore exhaussées sur de forts piquets, et l'on ne peut y grimper qu'à l'aide d'une sorte d'échelle qui se retire aussitôt de crainte de surprise. On dirait le Mollusque se contractant dans son test et le fermant avec son opercule. Cette situation des huttes, à une certaine distance du sol et dans les grands bois, fit supposer que les Mélaniens perchaient dans la cime des arbres. Habituellement nus, ce n'est que sur leurs épaules qu'ils portent quelquefois des lambeaux de la peau de différens animaux pour tout vêtement; quelques-uns se taillent une sorte d'étui en bois pour le membre viril; ils poussent la brutalité jusqu'à ne pas se cacher pour faire leurs ordures, et ne montrent point dans leurs amours ce sentiment de pudeur qui porte certains animaux même à se mettre à l'écart durant l'acte de la propagation. On assure qu'ils ne se sont pas fait un compagnon de chasse, du Chien qu'on trouve réduit à l'état de domesticité chez les autres espèces d'Hommes sans exception. Ils n'ont d'autres armes que de mauvaises zagaies; à la Nouvelle-Calédonie, ils y ont joint la fronde, et plusieurs, ayant eu des communications avec l'espèce Neptunienne, en ont emprunté quelques arts grossiers. Sous le rapport des superstitions religieuses, ils n'en sont pas même encore au fétichisme.

---

(1) Ce sont ces habitans de la terre de Diémen que M. Lesson appelle Tasmaniens, nom que nous eussions volontiers préféré à celui que nous avions précédemment proposé pour désigner la même espèce d'Homme, s'il eût été définitivement admis parmi les géographes de faire disparaître des cartes le nom d'Antoine Van-Diémen, gouverneur hollandais aux Indes Orientales, protecteur éclairé des navigateurs et sous l'administration duquel fut découverte en 1631 l'Australasie : Tasman reconnut à la vérité les parties méridionales de ce cinquième continent, mais il ne toucha la presqu'île qui porte son nom que vers 1642.

XV. Espèce Hottentote. *Homo Hottentotus.* La plus différente de l'espèce Japétique par l'aspect et les caractères anatomiques, celle-ci fait le passage du genre Homme aux genres Orang et Gibbon, conséquemment aux Singes. Comme dans les Macaques, à ce que nous a assuré le savant Lichteinstein, les os du nez y sont réunis en une seule lame écailleuse, aplatie et beaucoup plus large que dans toute autre tête d'Homme : la cavité olécranienne de l'humérus demeure aussi percée d'un trou; les os des mâchoires et les dents y sont presque tout-à-fait obliques. La couleur de la peau est lavée de bistre, et plus ou moins jaunâtre, mais jamais noire.

Quoique l'angle facial ait au plus soixante - quinze degrés d'ouverture, et qu'il soit conséquemment plus aigu que chez ses congénères, le front du Hottentot ne laisse pas que d'être proéminent, surtout par en haut; mais le vertex est singulièrement aplati, et quelquefois même comme enfoncé : la ligne d'implantation des cheveux décrit une courbe dont aucun angle rentrant ou saillant n'altère la régularité. Ces cheveux noirs ou seulement brunâtres sont excessivement cours, laineux et par petits paquets assez semblables à ceux dont les fourrures appelées d'Astracan tirent leur singularité. Les sourcils minces et non saillans, sont légèrement crépus et peu fournis; les yeux couverts et ne s'ouvrant qu'en longueur, sont ainsi que dans l'espèce Sinique, brunâtres et relevés vers les tempes. En face, la figure du Hottentot rappelle assez exactement celle de ces mêmes Siniques et des Botucados Brasiliens; mais vue de profil, elle est bien différente et hideuse d'animalité; les lèvres livides s'y avancent en un véritable grouin contre lequel s'aplatissent, se confondent pour ainsi dire, de vrais naseaux ou narines qui s'ouvrent presque longitudinalement et de la façon la plus étrange. Il n'existe que très peu de barbe à la moustache ou dessous le menton lorsqu'elle n'est pas épilée, et jamais on n'en voit en avant des oreilles dont la conque est plutôt inclinée d'avant en arrière que d'arrière en avant. Le pied prend déjà une forme si différente de celle du nôtre, et de celui des Éthiopiens et des Cafres, qu'on reconnaît au premier coup-d'œil la trace du Hottentot imprimée sur le sol.

Les Femmes, plus hideuses encore que leurs maris, sont aussi beaucoup plus petites, proportions gardées; elles ont leurs mamelles pendantes comme des besaces, et comme les

Hyperboréennes, avec lesquelles on leur reconnaît de grandes conformités, elles peuvent les jeter par dessus l'épaule pour donner à téter aux petits ; il s'en trouve dont la tête aplatie en-dessus, en avant et par derrière, semble être presque carrée : à ces difformités beaucoup d'entre elles en joignent de plus étranges encore, et qui les rendent en quelque sorte l'horreur des étrangers qu'on voit bien rarement s'unir à elles (1). Ces difformités sont chez les Boschismens, le prolongement des nymphes qui, tombant souvent jusqu'à trois, cinq ou six pouces au-devant des parties génitales, ont donné lieu à la fable de ce tablier pudique des Hottentotes sur lequel on a tant discouru depuis Kolbe. Il fut de ce prétendu tablier comme des Zoopermes dont les uns ont nié l'existence, tandis que d'autres voulaient y voir les embryons vivans d'un être futur. Dans une sorte de monstruosité, des écrivains trouvèrent une perfection qui plaçait la pudeur dans la conformation même des demi-brutes de l'Afrique méridionale, tandis que certains observateurs soutenaient que sous tous les rapports, les Hottentotes étaient faites comme nos Européennes : les uns et les autres se trompaient.

Jusqu'à la nubilité les Femelles de quelques races appartenant à l'espèce qui nous occupe ne diffèrent guère des autres Femmes par la conformation de leurs parties secrètes. Mais ensuite il arrive aux nymphes la même chose qu'au sein où vient afſluer une surabondance de graisse liquide contenue entre les lames du tissu cellulaire que cette graisse écarte. Vaillant, en considérant l'extrême longueur de ces parties difformes, a cru que les Hottentotes contribuaient à leur allongement en tirant continuellement avec les doigts les grandes lèvres, et Peron a fort longuement disserté à ce sujet sans résoudre un problème dont Cuvier a trouvé la solution en disséquant tout simplement cette femme du Cap, renommée par son affreuse laideur, et qu'on montra comme une curiosité aux Parisiens sous le nom de Vénus Hottentote. Il est résulté de l'examen qu'on a fait de cette hideuse créature, qu'il n'y a rien de plus extraordinaire dans les parties de la génération de ses pareilles que chez plusieurs Négresses, et même que chez des femmes d'espèce Arabique, où les nymphes ont aussi de la tendance à une prolongation excessive, et qu'on soumet à une sorte de circoncision, afin qu'elles ne deviennent pas désagréables à leurs maris. Les barbares du Cap n'y regardant pas de si près, leurs femelles, sans craindre de leur paraître affreuses, laissent croître et se développer ces parties que les Égyptiens tiennent, avec juste raison, à voir restreintes dans les proportions convenables.

Cette Vénus Hottentote, outre les prolongemens qui ont servi de base à la fable du tablier, avait aussi un fessier qui fit l'admiration de tout Paris. Il saillait à angle droit au bas des reins en croupe, composée de deux loupes énormes. Par la dissection faite au Muséum, on a reconnu qu'au-dessus des muscles grands fessiers gisaient de gros paquets d'une graisse diffluente, ou tremblante comme une gelée animale, et qui s'étendant jusqu'autour des hanches en augmentait beaucoup l'ampleur. On a dit que ce n'était qu'après le premier accouchement que de telles loupes graisseuses se développent chez des Boshismènes qui toutes, à la vérité, n'en ont pas de si volumineuses. Cette assertion est loin d'être prouvée, puisque de jeunes vierges du pays de Mandara, présentèrent à M. le major Denham les beautés de la Vénus Hottentote (2). M. Virey se propose * de rechercher les causes d'une conformation si re-

* *Dictionnaire de Déterville*, t. XIX, p. 82.

marquable et dont on s'était contenté jusqu'alors de donner la description; il pense les trouver dans la chaleur qui, selon lui, développe par un même mécanisme les callosités postérieures des Mandrils, la graisse des queues de Moutons, le croupion de quelques Oiseaux et les deux pétales supérieures des *Pelargonium!*....

L'espèce Hottentote se partage, avec l'espèce Cafre, la pointe méridionale de l'Afrique, mais seulement en dehors du tropique; elle en occupe la moitié occidentale où, sous le nom de Namaquois, de Coranas, de Boschismens, de Gonaquois et de Houzouanas, elle est répandue dans le bassin de la rivière d'Orange. Elle peuplait exclusivement les environs du cap de Bonne-Espérance et la côte sud, avant que les Européens qui s'y sont établis n'en eussent repoussé la plus grande partie dans l'intérieur des terres : mais on se trompe considérablement lorsqu'on avance que les Hottentots s'étendent tout autour de l'Afrique méridionale, depuis le cap Négro jusque sur la côte de Natal. Cette dernière côte est exclusivement occupée par l'espèce Cafre; les rivages qui se prolongent du cap Négro jusqu'à la rivière des Poissons, présentent une étendue totalement déserte de dix degrés à-peu-près en latitude. Il est encore absolument faux qu'on retrouve des Hottentots, ou rien qui leur ressemble, dans l'île de Madagascar.

De toutes les espèces humaines, la plus voisine du second genre de Bimens par les formes, elle est encore la plus rapprochée des Orangs par l'infériorité de ses facultés intellectuelles, et les Hottentots sont, pour leur bonheur, tellement bruts, paresseux et stupides, qu'on a renoncé à les réduire en esclavage. A peine peuvent-ils former un raisonnement, et leur langage, aussi stérile que leurs idées, se réduit à une sorte de gloussement qui n'a presque plus rien de semblable à notre voix (3). D'une malpropreté révoltante qui les rend infects, toujours frottés de suif ou arrosés de leur propre urine, se faisant des ornemens de boyaux d'animaux qu'ils laissent se dessécher en bracelets ou en bandelettes sur leur peau huileuse, se remplissant les cheveux de graisse et de terre, vêtus de peaux de bête sans préparation, se nourrissant de racines sauvages ou de panses d'animaux et d'entrailles qu'ils ne lavent même pas, passant leur vie assoupis ou accroupis et fumant, par fois ils errent avec quelques troupeaux qui leur fournissent du lait. Isolés, taciturnes, fugitifs, se retirant dans les cavernes ou dans les bois, à peine font-ils usage du feu, si ce n'est pour allumer leur pipe qu'ils ne quittent point. Le foyer domestique leur est à-peu-près inconnu, et ils ne bâtissent pas de villages, ainsi que les Cafres, leurs voisins qui, regardant ces misérables comme une sorte de gibier, leur donnent la chasse et exterminent tous ceux qu'ils rencontrent. On les a dit bons parce qu'ils sont apathiques, tranquilles, parce qu'ils sont paresseux, et doux parce qu'ils se montrent lâches en toute occasion. Quelques-uns n'ont pas fui à l'approche des Européens, et, vivant parmi eux, viennent dans les marchés du Cap porter diverses denrés; mais l'exemple des Hollandais, qui, les premiers, fertilisèrent leur pays, ne les a point déterminés à s'adonner à l'agriculture.

Les Hottentots n'ont ni lois ni religion, mais ils ont déjà des sorciers, sorte de prêtres qui les ont asservis à des pratiques ridicules, où des voyageurs superficiels ont cru reconnaître l'existence d'un culte. Il n'est pas de peuple au sujet duquel on ait rapporté plus de faussetés; depuis Kolbe jusqu'à Levaillant (4), on a dit et répété, sur leur compte, les histoires les plus singulières que Buffon sembla se complaire à recueillir ponctuellement. Au nombre des moins motivées, nous citerons cette suppression d'un testicule qu'on remplaçait par une boulette de graisse et de fines herbes, afin de mieux courir : absurdité qui, de nos jours encore, a été admise comme un fait authentique dans certain Traité de Géographie où l'on cite à l'appui le retranchement d'un sein chez les fabuleuses Amazones, dans le but de tirer l'arc en perfection.

Dévorés de vermine, les Hottentots se plaisent, comme les Singes, à dévorer cette vermine à leur tour, et, de même que les Mélaniens et que la plupart des animaux, c'est sur place qu'ils vaquent aux besoins naturels, sans s'inquiéter qu'on les regarde ou non. Leur vie est plus courte que celle des autres Hommes; ils sont vieux à quarante ans, et passent, dit-on, rarement la cinquantaine. On croit remarquer qu'ils ont, comme le reste des Africains, du penchant pour l'islamisme, parce que cette religion, assez habilement appropriée au climat des tropiques, permet la possession de plusieurs femmes, et qu'elle n'offre point de ces mystères incompréhensibles pour tout autre qu'un subtil Européen.

En terminant par le Hottentot le tableau des espèces du genre humain, nous croyons devoir faire observer que si la supériorité intellectuelle de quelques hommes favorisés sortis de l'espèce Japétique, paraît mériter à celle-ci le premier rang, les neuf dixièmes des individus qui la composent ne sont cependant pas beaucoup supérieurs aux Hottentots, quant au développement de la raison. Nous n'avons donc la prétention d'assigner aucune place définitive. Qui, d'ailleurs, oserait élever une espèce au-dessus des autres, ou déclarer l'une d'elles incapable de sortir de l'état de Brute? Ne voyons-nous pas d'orgueilleux Européens tomber de nos jours par-delà des Pyrénées, au niveau des Sauvages de la nouvelle Calédonie, tandis que les Ethiopiens transplantés sur le sol d'Haïti, s'élèvent au sublime niveau de l'Anglo-Amérique.

---

(1) Il existe néanmoins des exemples de tels accouplemens, et les Métis qui en sont résultés prouvent à quel point les caractères de l'espèce Hottentote sont profondément graves, puisqu'ils l'emportent chez eux sur tout autre. On lit dans

le premier voyage de Levaillant (*chap.* v, *p.* 307) que le produit des Blancs et des Hottentots s'appelle *Baster*, nom qui dérive probablement du mot *Bâtard*. Le Baster a la couleur d'un vieux citron desséché, ses cheveux se sont tant soit peu allongés, mais sont encore crépus; à mesure que du sang blanc se méle aux produits du Hottentot et de l'Européen, la teinte blanche augmente; bientôt elle devient la nôtre, et les cheveux finissent par être parfaitement lisses ». Mais la proéminence des pommettes des joues se fait toujours remarquer, c'est un caractère indélébile qu'on reconnaît même à la quatrième génération ». La persistance de ce caractère ostéologique fait présumer la persistance de l'unité de l'os du nez et du trou olécranien. Le résultat du mélange des Hottentots et des Nègres ne tient pas moins des premiers que le Baster; mais il est moins laid, sa couleur olivâtre lui donnant, selon Levaillant, une certaine originalité.

(2) La proéminence excessive du fessier n'existe pas seulement chez les Hottentotes, on l'observe encore dans certaines Négresses des régions centrales de l'Afrique, au nord de l'équateur, qui, pour le reste des formes, passent pour être par-

faites. On lit dans l'intéressante relation du major Denham (*t.* 1, *p.* 364), récemment publiée chez le libraire Arthus Bertrand : « La figure agréable des femmes du Mandara a passé en proverbe. Je ne puis cependant les qualifier de beauté ; mais je dois convenir que la célébrité de leurs formes est méritée. Elles ont les mains et les pieds d'une petitesse charmante ; enfin une saillie au-dessous des reins aussi forte que les Hottentotes, perfection inappréciable pour un Turc : aussi une esclave Mandarane se paie-t-elle toujours très bien. Je n'en ai jamais tant vu que dans leur pays, lorsqu'elles jouaient aussi peu vêtues qu'Eve, avant qu'elle prît la feuille de figuier. Un homme, qui me prit pour un marchand maure, me conduisit chez lui, pour me montrer les plus jolies esclaves du Mandara. Il en avait trois au-dessous de seize ans, et formées. Certainement, pour des négresses, c'étaient les femmes les plus jolies et les mieux faites que j'eusse jamais vues. Elles n'avaient qu'un morceau de toile rayée autour des reins, et cependant elles ne s'apercevaient pas de leur nudité. Il arrive plusieurs de ces femmes à Kola et à Angornau ; mais on ne les expose jamais au marché public : elles sont vendues dans les maisons des marchands. Leur prix dépend tellement du volume de la partie dont je viens de parler, qu'un homme voulant acheter une des trois que j'avais vues, leur fit tourner le dos, et les plaça sur une ligne, pour en mieux juger, puis choisit celle qui avait cet agrément le plus saillant. »

3) Levaillant (*Premier Voyage, ch.* v, *p.* 311), dans son admiration pour les Hottentots, s'indigne qu'on ait comparé leur langage au gloussement des Dindons, aux cris d'une Pie, aux huées du Chat-Huant; il en veut surtout à Pline et à Hérodote, qui, dit-il, *ont avancé qu'elle imitait le cri des Chauve-Souris.* Nous avons vainement cherché, dans Hérodote et dans Pline, l'endroit où il est question des Hottentots, qui, à la vérité, ne parlent pas comme les Chauve-Souris, mais qui bien certainement gloussent plus qu'ils ne parlent véritablement.

(4) Ce dernier s'en déclara le panégyriste. Il se plaisait à les appeler des *Sauvages,* car, de son temps, Jean-Jacques Rousseau, en fulminant contre les sciences et la civilisation, avait puissamment contribué, par son irrésistible élo-

quence, à mettre les Sauvages en vogue. Levaillant poussa son enthousiasme pour ces bons Sauvages jusqu'à essayer de réhabiliter les Hottentots sous le rapport de la propreté ; cependant ce voyageur avoue n'avoir jamais pu obtenir de sa belle Narina qu'elle renonçât à barbouiller son divin visage de suie détrempée dans du suif ; et cet enfant de la nature se lavait probablement les mains avec son urine, selon l'usage du pays. Quoi qu'il en soit, comme on ne peut accuser Levaillant d'avoir exagéré, avec Kolbe, la laideur des Hottentots, il est bon de prendre acte du portrait qu'il en donne, pour constater l'étrangeté de leur physionomie. « Il faut convenir, dit-il (*chap.* v, *p.* 292), qu'ils ont dans les traits un caractère particulier qui les sépare en quelque sorte du commun des Hommes. Les pommettes des joues sont très proéminentes, de telle sorte que le visage est fort large dans cette partie, et la mâchoire, au contraire, excessivement étroite. La physionomie va toujours en diminuant jusqu'au bout du menton. Cette configuration lui donne un air de maigreur, et fait paraître la tête très disproportionnée et trop petite pour un corps ordinairement gros et bien fourni. Le nez, plat, n'a quelquefois pas six lignes d'élévation. Les narines sont très ouvertes, et dépassent souvent en hauteur le dos du nez; etc. » Après une telle description, Levaillant assure que les Femmes ont les traits plus fins, les formes belles, et la gorge bien placée; ce qui prouve combien il y a de vanité à disserter sur le beau, pour établir les règles qui le constituent dans les formes humaines. Nous n'eussions jamais cherché ce beau idéal, avec l'intrépide explorateur du midi de l'Afrique, dans la figure, dans le fessier, dans les tétines et dans le tablier de la Vénus que disséqua M. Cuvier.

---

† † † Hommes Monstrueux.

Outre des espèces, des races, et des variétés naturellement et constamment reproduites à travers d'innombrables mélanges, le genre Homme renferme, comme tous les autres, des variétés accidentelles qui singularisent quelques individus, ou tout au plus certaines familles chez lesquelles des anomalies se perpétuent. Nous ne comprendrons pas au nombre de ces variétés tant de physionomies où, dans une espèce, on rencontre des traits d'une autre. Autant vaudrait, avec Tournefort, tenir compte des moindres nuances qui distinguent chaque Tulipe.

Les caractères que nous avons donnés comme spécifiques ne se retrouvent guère aujourd'hui complètement réunis dans un même individu. Les peuples sortis des diverses races se sont, depuis si long-temps, comme roulés les uns sur les autres, et tellement confondus, que les limites caractéristiques ont en partie disparu; il leur est arrivé ce qui eut lieu pour les diverses espèces d'Animaux domestiques que, des points de leur départ, les Hommes conduisirent les uns vers les autres comme pour les soumettre aux causes de dégradation dont eux-mêmes étaient passibles. Le Dogue, le Lévrier, le Basset et l'Epagneul ne peuvent pas plus être le même animal que le Lion, le Tigre, le Jaguar, l'Once ou le Lynx; mais ayant plus de conformités dans leurs penchans, au lieu de s'entre-déchirer, comme l'eussent fait les espèces du genre Chat, ils se sont unis les uns aux autres, lorsque les Hommes d'espèces diverses, qui les avaient modifiés séparément par la domesticité, leur en donnèrent l'exemple; et, de leurs accouplemens nouveaux, résulta cette multiplicité de formes et de couleurs intermédiaires où le naturaliste ne s'arrête pas. Il en fut ainsi pour les espèces du genre Homme, qui, sous les rapports moraux, ont plus de ressemblance avec les Chiens, qu'on ne consentirait à l'avouer.

On doit reléguer au nombre des êtres imaginaires ces hommes à queue de Vache que d'anciens voyageurs ont prétendu se trouver à Formose. Il en est de même de cette race de Malais chez laquelle, selon Struys, les femmes avaient de la barbe comme leurs maris. On ne doit pas non plus, malgré l'autorité de Buffon, qui penche pour les adopter, croire à de petits Africains, mangeurs de Sauterelles, mentionnés par Drake, et qui, vers l'âge de quarante ans, sont à leur tour mangés par une multitude d'insectes ou vermisseaux sortant de toutes les parties de leurs corps où les engendre l'acrydiophagie. Les Pygmés et les Troglodytes de l'antiquité, qui se battaient avec les Grues, n'y existent pas davantage.

Saint-Augustin * rapporte qu'étant évêque d'Hippone, il vit en Éthiopie beaucoup d'Hommes et de Femmes sans tête qui avaient deux gros yeux sur la poitrine, et que dans une contrée beaucoup plus méridionale, il trouva un peuple qui n'avait qu'un œil au front. Comme un père de l'église, un grand saint n'a pu mentir, il est probable, a-t-on dit, que de telles variétés dans l'espèce humaine ont disparu; pour en justifier la vraisemblance on a cité la conversation que selon Saint Jérôme, autre père

* 33e *Sermon à ses frères du désert.*

non moins infaillible, eut au désert Saint Antoine l'ermite avec un Centaure et un Satyre de très bon sens; mais les Centaures et les Satyres n'appartiennent pas positivement au genre humain, il était donc plus convenable de s'appuyer du témoignage de Raleigh qui aurait retrouvé dans l'Amérique méridionale une sorte de Cyclopes, ou des Hommes ayant aussi les yeux sur la poitrine. On a également parlé de races qui n'avaient qu'une seule jambe et une seule cuisse terminant et soutenant le corps comme une colonne (1). On a enfin vu jusqu'à des Hommes marins ou Tritons, et des Syrènes ou Femmes marines dont une, entre autres, ayant été prise dans une province de Hollande, après un grand débordement, y apprit à filer en perfection. On trouve dans plusieurs ouvrages, fort bons d'ailleurs, de telles histoires soigneusement recueillies; nous y renverrons le lecteur, s'il est curieux de s'en divertir, sans plus tenir compte des Hommes Porcs-Epics, de la race Hindoue à grosses jambes, dite de Saint-Thomas, dans l'île de Ceylan, des familles à six doigts aux mains et aux pieds, etc. « Ces variétés singulières de l'Homme, dit judicieusement Buffon dans l'histoire de l'Ane, sont des défauts ou des excès accidentels qui, s'étant d'abord trouvés dans quelques individus, se sont propagés de race en race comme les autres vices héréditaires; mais ces différences, quoique constantes, ne doivent être regardées que comme des variétés individuelles qui ne séparent pas ces individus de leur espèce, puisque les races extraordinaires de ces Hommes à grosses jambes ou à six doigts, peuvent se mêler avec la race ordinaire, et produire des individus qui se reproduisent eux-mêmes. On doit dire la même chose de toutes les autres monstruosités ou difformités qui se communiquent des pères et mères aux enfans ». Il n'y a guère dans les diverses espèces du genre humain, que deux variétés constantes, les Crétins et les Albinos, parce que les uns et les autres se montrent semblables partout.

α *Les Crétins*, dégénérés par appauvrissement, appartiennent d'ordinaire à l'espèce Japétique, et plus particulièrement aux races Celte et Germanique. Ils sont imbécilles; un goître défigure la partie antérieure de leur cou où les glandes sont essentiellement altérées; leur peau est jaunâtre; leur regard mourant; leur faiblesse extrême, et leur taille est constamment moindre que celle des autres Hommes. On les trouve dans les pays montagneux, tantôt naissant au hasard de parens bien constitués, d'autres fois, mais plus rarement, vivant en petites familles, et généralement relégués dans quelques vallons écartés. C'est dans les Pyrénées, en Suisse, en Styrie, et dans la chaîne des monts Krapacs qu'on en voit le plus; on les y méprise, et nul autre montagnard ne consentirait à contracter la moindre alliance avec eux, tandis que dans le Valais où il s'en trouve également beaucoup, on les regarde comme des êtres favorisés du ciel, parce qu'il est dit quelque part : « Bienheureux les pauvres d'esprit ». On assure que les chaînes de l'Oural, du Thibet et même les Andes en produisirent. On prétend en avoir rencontré dans les hauteurs de Sumatra.

β *Les Albinos* ont, comme il a été dit dans le premier volume de notre dictionnaire classique d'Histoire naturelle, le caractère efféminé, la peau d'un blanc-mat, les yeux faibles, avec la prunelle plus ou moins rouge, et les cheveux d'un jaune pâle, ou complètement cotonneux, soit pour la teinte, soit pour la consistance. Ils sont communs ou du moins plus remarqués chez les espèces d'Hommes à derme foncé. On n'en cite point chez les Arabes ; mais nous en avons vu parmi les Européens, notamment un à Varsovie, il était né d'un Polonais et d'une Allemande, et un autre dans un village de Souabe où l'on nous assura que sa mère et sa grand-mère étaient en tout semblables à lui.

Les Albinos observés à Java par des voyageurs, y forment, dit-on, quelques pauvres peuplades errantes dans les bois, et proscrites sous le nom de Chacrelas. Labillardière cite une fille Albinos qui appartenait également à la race de Malais Océaniques, et qu'il aperçut sur une des îles des Amis. Ceux de Ceylan, nommés *Bedas* ou *Bedos*, méprisés du reste des habitans, paraissent appartenir à l'espèce des Hindous. Il en existe parmi les Papous. On en a vu chez les Hyperboréens, mais ils y sont très rares. Nous avons observé à Mascareigne une assez jolie esclave de seize ans, qu'on eût dit cependant en avoir trente, qui avait été achetée à Madagascar, et qui était Albinos de l'espèce Éthiopique. Elle avait eu deux enfans, l'un d'un blanc et l'autre d'un nègre, tous les deux étaient de véritables Métis, ayant les traits de leur père, mais la couleur blafarde et la blancheur des cheveux de la mère; leurs yeux, faibles, n'étaient cependant pas rouges, mais châtains très clairs. On trouve, dit-on, fréquemment des individus pareils dans les bois de la grande île où la seule colonie qui nous reste dans les mers de l'Inde s'alimente d'esclaves. Les habitans de l'Ile-de-France prétendent en avoir acheté quelquefois pour leur sauver la vie, les naturels les tuant comme des créatures abjectes, quand ils ne trouvent pas promptement à se défaire de ceux qu'ils prennent à la chasse : nous ne garantissons pas ce fait. On rencontre des Albinos chez la plupart des Éthiopiens du continent. Enfin, les plus célèbres sont les Dariens de l'Amérique, vivant dans l'isthme qui unit les deux parties du Nouveau-Monde. Ces hommes, résultat d'un vice d'organisation transmis, semblent perdre les caractères de l'espèce dont ils sortirent, pour en prendre de propres à leur infirmité, et qui donnent à tous une physionomie commune d'une extrémité de la terre à l'autre.

---

(1) « Nous pouvons être très bons chrétiens, dit Voltaire à ce sujet, sans croire aux Centaures,

aux Hommes sans tête, à ceux qui n'avaient qu'un œil ou une jambe, etc.; mais nous ne pouvons douter que la structure interne d'un Nègre soit très différente de celle d'un Blanc, puisque le réseau muqueux est blanc chez les uns, et noir chez les autres. Je vous l'ai déjà dit; mais vous êtes sourd. »

§. IV.

Si chaque espèce du genre humain eut son berceau particulier.

Reconnaissant, ainsi qu'on vient de le voir, jusqu'à quinze espèces d'Hommes, avec le pressentiment qu'il doit en exister davantage, des individus de la Japétique, chez qui la civilisation développa un besoin de délation étranger aux autres bêtes, ne manqueront pas de nous accuser d'incrédulité. Ils vont, dans l'espoir de nuire, se dresser en disant : fils ingrat, vous niez le couple primitif et sacré, formé par les mains de Dieu pour vous donner le jour, et source unique du genre humain!

Pour répondre d'avance à toute allégation envenimée, peu de mots suffiront. La Révélation qui nous vient, ainsi qu'on l'a déjà rapporté*, de l'espèce Arabique, et qu'adoptèrent les seuls chrétiens, à quelque espèce qu'ils appartiennent, n'ordonne nulle part de croire exclusivement à Adam et Ève. L'auteur inspiré, avons-nous dit plus haut, n'entendit évidemment s'occuper que des Hébreux**; et, parlant des autres espèces par économie semble avoir voulu abandonner leur histoire au naturaliste. Plus tard, lors

* T. 1, p. 173. ** T. 1, p. 64.

que la rédemption établit un nouveau pacte entre le ciel et la terre, Dieu confirma, par un langage positif, le témoignage tacite des plus anciennes traditions sacrées sur la diversité d'origine des Hommes, en appelant à lui les GENTILS, c'est-à-dire les AUTRES ESPÈCES dont il ne s'était pas plus occupé, durant quatre mille quatre ans, que du reste des Animaux.

Alors seulement ces Gentils ou espèces cadettes entrèrent dans l'héritage de bienfaits surnaturels qui, jusqu'à la naissance du Sauveur, avaient été réservés pour une race Arabique, que son ingratitude incorrigible en rendait définitivement indigne. Et qu'on ne dise point qu'un tel système isolant les Hommes, et relâchant les liens de leur parenté, les doive porter

à se haïr plus qu'ils ne le font déj
Il ne recule que d'un degré l'univers
cousinage; car toutes les espèces po
sibles n'en sortirent pas moins du sei
de la bienfaisante nature. Que, fécon
dée par le Créateur, cette Eve éte
nelle ait produit à-la-fois, ou l'un
après l'autre, une première famill
humaine ou quinze, les enfans qu
perpétuent ces familles en seront-il
moins frères en Dieu?.... D'un pole
l'autre, les Hommes ne seraient jamai
que des rameaux d'un même tronc
« Ainsi, c'est aux naturalistes qu'o
devra les preuves physiques de cett
vérité morale, que l'ignorance et l
tyrannie ont si souvent méconnue
et que, depuis si long-temps, les Eu
ropéens outragent lorsqu'ils achèten
leurs frères pour les soumettre, san

relâche, à un travail sans salaire, pour es mêler à leurs troupeaux, et s'en former une propriété dans laquelle il n'y a de légitime que la haine vouée par les esclaves à leurs oppresseurs, et les imprécations adressées au Ciel, par ces malheureux, contre tant de barbarie et d'impunité. »*

Qu'on cesse donc de faire venir d'un point perdu de la Mésopotamie, et contre l'esprit de la révélation même, l'Américain, l'Hyperboréen, le Patagon, ou le Mélanien crépu de la terre de Van-Diémen; encore une fois, reconnaissons en sûreté de conscience que chaque Adam dut avoir son berceau particulier, et recherchons quels purent être les divers points de départ

* *Vicq-d'Azyr, Eloge de Buffon*, édition de Verdière, t. 1, p. lxvij.

des espèces dont se compose évidemment le genre Homme.

Nous ne demanderons pas « pourquoi le grand Etre n'aurait-il pu également créer des races autochtones au Nouveau-Monde comme dans l'Ancien »? Nous avons déjà dit que nous n'avions pas la témérité de demander ainsi le pourquoi des choses; nous ferions même, au besoin, amende honorable, pour avoir imprimé, comme l'auteur qui s'est permis cette interpellation, mais, vers l'âge de vingt ans, « dès que l'Homme n'est qu'une créature comme les autres, pourquoi, dans son genre, n'existerait-il pas plusieurs espèces, comme il s'en trouve dans la plupart de ceux que nous offre le tableau de la nature »? Nous nous bornons aujourd'hui à l'étude des faits qui répondent suffisamment à de telles questions.

M. Virey qui établit deux espèces et six races dans le tableau que nous avons reproduit*, leur reconnaît aussi des foyers primitifs, d'où ces races se seraient disséminées et répandues de proche en proche. Cet auteur ne croit donc pas plus que nous ni que Moïse à un seul Adam ; mais il s'exprime plus clairement à cet égard que le législateur Juif. « Ces foyers de propagation, dit-il, peuvent se reconnaître à la beauté et à la perfection corporelle de chaque famille qui les peuple : et comme le genre humain s'est dispersé par des colonies, il est naturel de croire qu'il a suivi d'abord les terres avant de s'exposer à un

* T. I, p. 80.

Océan inconnu et à l'inconstance des eaux. Ainsi les familles humaines paraissent avoir établi leurs foyers primitifs sur les élévations du globe, et delà elles se sont écoulées, comme les fleuves, des montagnes jusqu'aux extrémités des terres et aux rivages des mers, etc. »*

Dès l'an XI de la République (1804), nous avons dit aussi** : «Le genre duquel nous faisons partie doit venir de différentes racines confiées à différens climats; ce n'est pas la température des lieux qu'ils habitent qui cause tant de variétés parmi les hommes; sous le même parallèle où se trouvent les noirs Jolofs, existent aussi des

* *Dictionnaire de Déterville*, *t.* XV, *p.* 175. Paris, 1817.

** *Essai sur les îles Fortunées*, *p.* 165, etc.

rouges, des olivâtres et même des blancs purs, qui, de temps immémorial, ont conservé leur teinte et leur physionomie qu'ils conserveront probablement toujours.... L'espèce dont nous faisons partie ne doit pas plus tirer son origine des mêmes lieux que les autres, que les Sapajous des Antilles ne doivent venir originairement de l'Afrique où il y a des Papions, et des parties de l'Inde dans lesquelles on trouve des Orangs-Outangs....; et, comme il y a bien lieu de croire que toutes les espèces d'un même genre ne sont pas sorties d'un seul type propre à chacun, il ne serait pas plus fructueux de rechercher s'il fut un seul premier Homme et où fut sa demeure, que de s'enquérir d'où venaient, et de quelle espèce furent les premiers

Charançons et les premiers Varecs, desquels sont sortis tous les Charançons des campagnes et tous les Varecs de la mer. »

Il existait encore ce rapport entre nos idées du jeune âge et celles de M. Virey dans l'âge mûr, que nous établissions le foyer de chaque espèce sur les plus grandes hauteurs du globe, d'où nous les suivions, d'après Buffon, s'entourant d'animaux esclaves et s'écoulant en colonies nombreuses, suivant les pentes du terrein avec les fleuves jusqu'aux extrémités de la terre et sur le rivage des mers.

Nous ne pensons plus aujourd'hui que les différentes espèces d'Hommes aient pu naître sur des sommets et des plateaux élevés dans la région des nuages, où nul être que des Bouquetins, des Chamois, quelques végétaux appauvris et des Lichens crustacés, ne peut subsister. Sur les traces du respectable Bailly, nous n'irons plus chercher leur source et l'origine de la civilisation dans la haute et sauvage Tartarie, de tout temps et probablement à jamais inféconde et barbare; mais nous reconnaîtrons que des montagnes ont été comme les charpentes de nos berceaux divers. En effet, c'est à leur pied que se formèrent et que s'agrandirent les premières îles qui durent apparaître, lorsque les eaux dont le globe était primitivement environné, furent assez abaissées pour que la végétation en vînt décorer la surface, et pût trouver l'appui convenable à ses racines.*

* Voyez à ce sujet nos articles MERS et MON-

Nous avons, en traitant de la géographie considérée sous les rapports de l'histoire naturelle, et dans l'article CRÉATION du Dictionnaire classique d'Histoire naturelle, établi quelle dut être la filiation des êtres vivans, en conséquence de leurs appétits (1). Nous y avons observé la végétation déterminant l'Herbivore, celui-ci le Carnivore, et l'Homme qui se nourrit de plantes et de chair, ne pouvant vivre avant que les Végétaux et les Animaux l'eussent précédé pour assurer sa subsistance. Nous avons vu dans le même ouvrage, aux mots ANTHROPOLITHES et FOSSILES, qu'on n'avait nulle part trouvé la moindre trace authentique

TAGNES, dans le *Dictionnaire classique d'Histoire naturelle*, chez Rey et Gravier, quai des Augustins.

d'ossemens humains conservés dans les couches du globe (2), et nous disions à ce sujet, dès 1804, ce que nous avons cru devoir répéter en 1825 et que nous répéterons encore ici, parce que la vérité doit être souvent répétée pour qu'elle parvienne à prévaloir contre l'erreur.

« Les animaux marins et les Poissons sont-ils les plus anciens habitans de l'univers? c'est ce que tout semble confirmer. Les traces des autres créatures sont moins fréquentes; on ne les retrouve que dans les régions découvertes plus récemment, selon toute apparence; et pour l'Homme, il est si moderne que, tandis que des feuilles et de frêles Insectes sont devenus des témoignages ineffaçables des existences de temps effacés, on ne saurait rencontrer nulle part les moindres indices de ses débris; on dirait que son orgueil, blessé de ne point retrouver dans les fastes du Vieux-Monde des fragmens de ses premiers pères, a voulu triompher de l'oubli par les monumens de ses mains. Les pyramides sont peut-être l'ouvrage d'un peuple aussi avancé que nous dans les sciences naturelles, et qui étant humilié de ne voir, dans aucun site calcaire, des témoins qui pussent attester l'antiquité de son origine, voulut survivre par un souvenir monumental, aux grandes révolutions physiques qui pouvaient subitement changer tout l'ordre des choses contemporain. »*

On ne saurait conséquemment au-

* *Voyage aux quatre îles des mers d'Afrique, t.* 1, *p.* 210.

jourd'hui douter que le genre humain ne soit moderne sur la terre, en comparaison des autres Créatures, encore que la plupart de ses espèces y soient très anciennes ; et nous disons la plupart, car il est probable que toutes ne datent pas de la même époque. Le degré de civilisation ou de barbarie de chacune d'elles peut fournir d'assez exactes données pour établir la proportion comparative des degrés d'antiquité.

Dans l'état de nature, singulièrement sauvages, sans arts, à peine familiarisés avec le feu, les Australasiens, habitans d'une terre basse, et, selon toute apparence, récemment exondée, ne sauraient remonter aux temps où les Arabes et les premiers Scythes, par exemple, étaient circonscrits par un Océan bien plus vaste que l'Océan actuel, sur les plateaux élevés de l'Abyssinie et de l'Asie centrale. C'est sous ce point de vue que la mesure des hauteurs du globe, jusqu'ici calculées dans leurs rapports avec les propriétés de l'atmosphère ou la géographie botanique, acquiert une nouvelle et plus grande importance. Elle servira à déterminer où furent les sources des diverses espèces d'Hommes, non que ces sources aient pu naître sur le comble aride ou glacé de ces hauteurs mêmes, mais vers des rivages qui durent être ceux de nombreux archipels sous la forme desquels les montagnes se montrèrent d'abord. Delà ce respect religieux que les Hommes conservèrent si long-temps pour les monts dont les racines les avaient vus se développer, et qui, par leur élévation, durent plus d'une fois servir d'asile à nos aïeux contre des inondations désastreuses d'autant plus fréquentes, que la surface du globe se trouvait comme en litige entre l'Aride et la Mer qui se balançait sans que de vastes continens en restreignissent les ravages. Nous voyons les cérémonies primitives exercées sur les montagnes; on s'y rendait pour invoquer les Dieux, et toutes les superstitions continuèrent de s'y pratiquer, quand les Hommes confondus, oubliérent quelle était l'origine de leur respect universel pour les lieux d'où ils étaient descendus. On crut que ce respect venait de ce que les sommets étaient plus voisins de la Divinité, supposée habiter le ciel; peut-être avait-on un confus souvenir d'y avoir vu tomber la foudre pour la première fois, et des volcans s'y faire jour. On indiquera bientôt quelle influence les volcans et la foudre exercèrent sur les destinées du genre humain.

Les Chinois ont une grande vénération pour Chang-pé-Chang, l'une des plus grandes élévations du Thibet. Au Japon, les temples et les tombeaux sont toujours construits sur les montagnes; et celle de Fusi, la plus considérable de l'empire, passe pour la résidence d'un Dieu présidant aux tempêtes (3). Les Hindous ont un sommet sacré nommé Pirpangel. Les Grecs plaçaient la cour de leur Jupiter sur l'Olympe (4). Les Orientaux révérèrent le Carmel (5). Le voyageur Bruce retrouve dans les ruines de Thèbes la preuve du respect qu'eurent les premiers Egyptiens pour les hauteurs (6). Les Ethiopiens de la Guinée ont leurs Monts sacrés (7); ceux d'Ardra regardent même ces Monts comme leurs principaux fétiches (8). Les Guanches des Canaries croyaient que Dieu, daignant descendre du ciel, s'abaissait de préférence sur des points élevés de leurs îles, et l'on montre à Fer deux pics contigus encore appelés *Los Santillos de los antiguos*, au pied desquels on venait invoquer l'Éternel (9). Les Hébreux surtout sacrifiaient sur les lieux élevés, et la coutume d'y adorer le Seigneur et d'y manger en sa présence, se perpétua chez eux, malgré qu'elle eut fini par devenir abominable aux yeux du Seigneur (10). On la rencontre dans l'Asie-Mineure vers son mont Ida. Enfin, ces pierres plantées sur toutes les cimes des îles et des côtes occidentales de l'Ecosse, de l'Angleterre ou de l'Armorique, retrouvées en quelques endroits à la base des Pyrénées, avec de vieilles tours d'origine inconnue, dont les crêtes de l'Irlande sont couronnées, indiquent que le respect des hauts lieux s'étendit d'une extrémité à l'autre de l'Ancien Monde; mais par une singularité digne de remarque, on ne le voit pas chez le Malais toujours riverain, non plus que chez les autres espèces Océaniques, soit la Mélanienne, soit l'Australasienne. On doit aussi noter qu'il paraît étranger aux peuples américains; et malgré la hauteur des Andes qui semble prouver qu'une partie au moins du Nouveau-Continent ne le cède point en antiquité au centre de l'Asie, de l'Europe ou de l'Afrique, les espèces indigènes du genre humain ont dû n'y paraître que tard. Quoi qu'il en soit, un coup-d'œil jeté sur la magnifique mappemonde publiée en 1820, par M. Brué, et dans laquelle cet habile géographe a figuré les chaînes alpines avec une singulière intelligence, peut, si l'on adopte nos quinze espèces d'Hommes, aider à reconnaître où en furent les berceaux, mot qui, pour le genre de recherche que nous allons entreprendre, nous paraît préférable à celui de foyers, employé par M. Virey.

On voit dans les bonnes cartes, qu'entre la Caspienne et la Mer Noire, par les déserts où coule le Volga, et par le pays des Cosaques du Don, le sol est fort bas. De la Mer Noire à la Baltique, il n'est pas plus élevé ; nous avons nous-même vérifié qu'il n'existe pas une colline à l'occident de ces vastes marais où se confondent les sources du Dniéper et du Boug, coulant vers deux bords opposés *. Ainsi la Caspienne, la Mer Noire et la Baltique communiquaient entre elles, et faisaient partie d'un grand Océan septentrional, que le Caucase s'élevait déjà fièrement au-dessus des vagues ; ses ramifications, prolongées à travers l'Asie Mineure, s'unissaient aux chaînes de la Thrace, car le Bosphore n'existait pas : on sait bien aujourd'hui que ce n'est qu'assez tard que l'irruption de l'Euxin vers la Méditerranée le dut ou-

* *Voy*. note 13, sur l'esp. Japétique, *t*. 1, *p*. 152.

vrir *. Ces chaînes de la Thrace, liées à nos Alpes, formaient avec elles et leurs contre-forts prolongés dans le sens des Krapacs, des Apennins, de nos Vosges et de nos Cévennes, un archipel immense sur les quatre versans généraux desquels s'étendirent les quatre races de l'espèce Japétique, nº 1.

La Scandinavie était alors une île moins considérable, et dont l'incorporation à la terre russe ne saurait être bien ancienne ** ; car du golfe de Finlande à la Mer Blanche, des lacs innombrables, et souvent fort vastes, indiquent encore la séparation primitive. L'espèce Hyperboréenne, nº 6, y vit le jour; faible et timide, elle y

* *Tournefort, Voyage au Levant*, lettre XV.

** *Voyez p.* 165 du *t.* 1.

fut repoussée plus tard vers le cercle polaire par des peuplades de la race Germanique, et voyageant sur des glaçons comme les Ours blancs de leur climat polaire, ou sur des traîneaux, le long des côtes, quand leur patrie se rattacha au continent asiatique, elle s'étendit jusque dans l'autre hémisphère.

Une terre immense, l'Asie centrale, avait dû paraître dès avant le continent Japétique, et l'île Hyperboréenne. De grands lacs intérieurs, dont quelques-uns, très diminués, subsistent encore, et dont les plus vastes sont représentés par des déserts salés, inhabitables, y durent demeurer interceptés. L'enchaînement de ces lacs, ou plutôt de ces mers intérieures, y intercepta de même trois espèces d'Hommes aborigènes. Des racines de l'Altaï et du Bélour descendirent, vers le Nord, avec la Léna, la Jeniseï et L'Obi, et vers l'Ouest avec le Sarasus et le Dgihoum, les Hommes de l'espèce Scythique, n° 4. Du petit et du grand Thibet séparés de l'Altaï par la mer aujourd'hui devenue le Shamo, les Hindous, n° 3; et les Siniques, n° 5, s'étendirent sur les pentes méridionales de l'Asie naissante, où, sur les rivages accrus, l'une et l'autre espèce se trouvèrent en contact avec les Neptuniens Malais, n° 7 α, à mesure que, la diminution des mers incorporant au continent les îles dont ces derniers étaient les autochtones, la terre prenait la figure qu'elle présente de nos jours.

C'est encore un fait avéré et que nous pensons avoir démontré dans deux ouvrages sur l'Espagne, que le détroit de Gibraltar n'existait pas alors *. La Méditerranée n'avait aucun rapport, pour la forme, à ce que nous la voyons aujourd'hui : sa communication avec l'Océan boréal, reproduite dans le canal du Languedoc, faisait de l'Ibérie une péninsule de cette Atlantide à laquelle des traditions respectables ont antiquement rattaché les îles Fortunées ou Hespérides. Les déserts de Sahara et de Lybie (surface arénacée à peine élevée au-dessus du niveau des mers actuelles) étaient une mer de communication, et la grande île, formée par les Canaries, la Barbarie et l'Espagne, vit naître cette race

* *Guide du Voyageur en Espagne*, p. 226; et *Résumé géographique sur la péninsule Ibérique*, page 117.

de l'espèce Arabique, n° 2 α, qui, sous le nom d'Atlantes, fut probablement l'une des premières à se civiliser.

L'isthme de Suez, encore aujourd'hui presqu'à fleur d'eau, ne pouvait, dans cet état de choses, séparer deux Océans. Le golfe Arabique et la Méditerranée, le golfe Persique même, devaient communiquer par cet espace uni et pierreux que leur retraite a laissé inhabitable sous le nom d'Arabie Pétrée; mais les montagnes de la Lune et de l'Abyssinie dominaient les flots africains, et sur les plateaux qui maintenant y demeurent à-peu-près abandonnés à l'espèce Ethiopique, la race Adamique, n° 2 β, sortait des mains du vrai Dieu, avec une prédominance qui devait, par une substitution mystérieuse dont les livres hébreux offrent plus d'un exemple, passer un jour à notre espèce. (11)

On sait maintenant que les monts de Guinée ne communiquent pas avec ceux d'où le Nil descendit comme pour servir de guide à la race Adamique; ils forment une masse particulière d'où peut-être est venue l'espèce Ethiopique, n° 12; mais nous avons des raisons puissantes de supposer que l'Afrique australe fut long-temps une terre à part, et les idées qu'avaient les anciens d'une partie du monde qu'ils connaissaient beaucoup mieux que nous, confirment cette opinion Les premières cartes géographiques nous représentent l'Ethiopie comme tronquée d'Orient en Occident, presque parallèlement à l'équateur depuis la côte d'Ajan jusqu'à celle de Calabar

L'espèce Ethiopique eût donc pu se reproduire au Congo, dont les sommets ~~forment~~ formaient peut-être encore une grande île, étendue du Nord au Sud, tandis que sur les hauteurs qui s'élèvent vers le tropique austral, apparurent les Cafres, n° 13, et ces Hottentots, n° 15, qui nous semblent devoir être avec les Australasiens, n° 8, et les Mélaniens, n° 14, les derniers venus ou les espèces cadettes du genre humain.

Nous n'avons pas sur l'Amérique et sur ses espèces d'Hommes indigènes des données suffisantes pour entreprendre d'y chercher dans quelle partie de son étendue durent être situés les berceaux analogues à ceux que nous venons de reconnaître sur l'Ancien Monde. On peut néanmoins présumer que l'espèce Colombique, n° 9, descendit des Apalaches et des montagnes Bleues, qui forment comme l'un des noyaux du Nouveau Continent septentrional, tel que la retraite des eaux l'a laissé. Quant à l'espèce Neptunienne, n° 7, nous pensons qu'il serait prématuré de prononcer sur le lieu de son origine; lorsque, à l'exemple de MM. Gaimard, Quoy, Durville et Lesson, de nouveaux voyageurs auront soigneusement observé, comparé, décrit et figuré, tels qu'ils sont, des habitans de la Polynésie et de la mer du Sud appartenant à toutes les variétés, à toutes les races, à toutes les espèces qui s'y doivent trouver, on pourra seulement tenter quelque bon essai sur ce sujet : cette espèce dut être partout littorale. Ce n'est que sur sa race Océanique qu'on peut hasarder des conjectures probables. Nous avons cru apercevoir son point de départ dans la Nouvelle-Zélande.

L'histoire naturelle de l'Homme est encore dans l'enfance, particulièrement en tout ce qui concerne l'Océanie et le Nouveau-Monde. Il était reçu de tromper les Européens vers la fin du dix-huitième siècle, lorsqu'on découvrit tant d'archipels dont on nous représentait les habitans comme les meilleurs des humains, en leur prêtant les formes antiques de la Vénus de Médicis, d'Apollon et du dieu Mars. On ne doit s'en rapporter en rien, touchant leur physionomie et leur prétendue beauté, à ces jolies planches gravées dans les voyages de Cook, d'après des dessins évidemment faits à

Londres ou à Paris par des peintres qui n'en avaient jamais vus. Nous pourrions citer diverses relations modernes, précieuses sous tout autre rapport, où des sauvages Mélaniens et Australasiens, à extrémités grêles, à menton presque imberbe, à figure hideuse, et les plus disgracieux de tous les Hommes, ont été représentés par des artistes français, d'après des académies ou des bosses dont les divinités de la Grèce et les forts de nos halles avaient été les modèles; mais on mettait un nom propre plus ou moins baroque au bas de la planche, et le crédule lecteur s'extasiait sur la force et la beauté des prétendus sauvages!....

---

(1) « Les productions des eaux durent précé-

der celles de la terre, que submergeait un océan sans rivages. Les végétaux purent, plus tard seulement, quand cette terre fut exondée, et suffisamment desséchée, parer son étendue, primitivement fangeuse. Les Animaux herbivores, qui n'eussent pu précéder les Végétaux, les suivirent dans le pompeux cortège des existences perfectionnées. Les espèces sanguinaires vinrent à leur tour. L'Homme apparut enfin ; et, dans son orgueil, imagina que l'univers était achevé. Cependant il devait encore éclore d'innombrables séries de créatures organisées, qui, vivant aux dépens des créatures déprédatrices mêmes, et habitant la propre substance de celles-ci, n'auraient pu se développer, si les corps qu'elles dévorent vivans n'eussent vécu précédemment, et pour leur fournir une curée. Ainsi, la création qui, passant du simple au compliqué, s'était élevée du genre Monade au genre Homme, se terminait enfin par des séries non moins simples dans leur organisation que celles par où tout avait commencé; comme si, dans la totalité de ce qui la compose, la Nature s'était plu à se renfermer en un vaste cercle ». (*Dict. class. d'Hist. nat.,* t. VII, p. 240.)

(2) « Il n'est plus permis aujourd'hui de croire à la possibilité de Fossiles humains véritables. Avant de trouver des Anthropolithes, on eût découvert, dans les couches où la présence des fossiles peut tirer à conséquence, des choses encore plus durables que nos os, des ustensiles, par exemple, qui, sortis des mains de l'Homme, eussent attesté son antique existence, et son industrie primitive, tout grossiers qu'en eussent été les résultats. Qu'une révolution physique détruise aujourd'hui les êtres organisés à la surface de la terre, lorsque les choses seront rentrées dans l'état naturel, de nouvelles créatures viendront repeupler cette surface; et si nos débris disparaissaient par une dissolution générale, on retrouverait au moins dans les sédimens formés aux dépens des races détruites, nos instrumens de Fer et de Cuivre; nos monnaies et nos pierres taillées pourraient témoigner que nous aurions vécu. La colonne de bronze, où Napoléon grava tant de victoires, prouverait que la France ne fut pas toujours impunément insultée. Mais lorsque les débris des plus fragiles crustacés sont demeurés des témoignages d'une antiquité antérieure à celle que nous n'osons supputer, nul

ouvrage humain, pas même un fragment de poterie ou de brique, un clou, un outil de pierre façonné par l'Homme, ne vient révéler son existence contemporaine au milieu de mille races pétrifiées?... Tous les naturalistes de bonne foi conviennent donc aujourd'hui que l'Homme n'a paru que très tard, et probablement l'un des derniers dans l'infini et magnifique ensemble de l'univers. Cette vérité se trouve conforme au texte des Livres sacrés, ainsi que nous l'avons établi dans ce Dictionnaire (*tom.* v, *pag.* 41.). Que ceux qui veulent appuyer le sens de ces Livres par le témoignage des sciences physiques, reconnaissant que l'Homme, ainsi que le conte la Genèse, fut le complément de la création, se consolent de ne pas en retrouver les restes parmi les monumens du déluge, en réfléchissant que les Requins et autres voraces habitans des mers, n'ayant point péri durant l'inondation générale, purent dévorer les cadavres des enfans d'Adam; mais ce serait perdre un temps précieux que de s'étendre sérieusement sur une discussion de ce genre. Un zèle indiscret eût voulu récemment remettre en vogue de pareilles rêveries, à l'aide d'un bloc de Grès décoré du titre de Fossile humain. Les lumières du siècle ont fait justice de cette spéculation, et nul ne crut au cavalier du long rocher, si ce n'est certaines personnes qui avaient quelque intérêt à ce qu'on y crût. » (*Dict. class. d'Hist. nat.*, *t.* VI, *p.* 573 et suiv., dans notre article FOSSILES.)

Nous ajouterons à ce qui vient d'être transcrit ici, que la non existence de Fossiles humains n'est pas un fait isolé en Géologie. « Elle se lie, dit M. Constant Prévost, à cette observation générale d'une haute importance, qu'on n'a pas encore trouvé dans cet état fossile les Animaux dont l'organisation présente le plus de rapports avec celle de l'Homme, comme les Singes ou les Chauve-Souris, et que, parmi les Fossiles incontestables, les êtres qui s'en éloignent le moins se voyent graduellement dans les couches les plus récentes du globe. » (*Dict. class. d'Hist. nat.*, *t.* I, *p.* 434, dans l'art. ANTHROPOLITHE de M. C. Prévost.)

(3) « J'observai, dit Thunberg, sur les hauteurs qui entourent la ville (Nangasaki), un grand nombre de tombeaux qui se distinguaient de loin par des pierres élevées.... Les temples,

de différentes grandeur et forme, se trouvaient également placés sur les endroits les plus éminens. — La montagne de Fusi, la plus considérable de l'empire, et si haute qu'elle est toujours couverte de neiges, passe, parmi les habitans, pour la demeure du dieu des ouragans». (*Voyage au Japon*, *ch*. x, *p*. 318, et *ch*. xi, *p*. 362.)

(4) Il est souvent question, dans Homère, des oracles d'Apollon qui se rendent sur les montagnes. On trouve, dans une tragédie de Sophocle, un personnage qui dit : «J'aperçus la célèbre Nysa, montagne qu'agite la fureur de Bacchus, de ce dieu armé de cornes, qui l'avait choisie pour sa nourrice, et sur laquelle on n'entend la voix d'aucun oiseau». Cette montagne, probablement située dans la Thrace, encore qu'on l'ait supposée de l'Inde, est également citée dans le prince des poètes qui nous représente «Lycurgue l'Edonien poursuivant sur le mont Nysa la nourrice du furibond Bacchus». On lit dans les Supplémens de Freinshémius, au sujet de la peste qui ravagea Rome vers 291, av. J.-C., «que les temples d'Esculape sont presque tous bâtis dans les lieux découverts sur les hauteurs, etc.»

(5) « Entre la Syrie et la Judée est une montagne où se révère un dieu qui n'a ni statues ni temples, mais simplement un autel, sur lequel on l'invoque ; la montagne et le dieu se nomment *Carmel.* » Vespasien y offrit un sacrifice, assisté d'un prêtre nommé Basilides. (*Tacite, Hist.*, *lib.* II, LXXIX.)

(6) « Il y a une chose fort remarquable dans la façon dont les anciens temples égyptiens sont bâtis.... Les parois en sont fort inclinées, de manière à former un angle très considérable ; et l'on peut juger, par les divers ornemens qui les couvrent, que ces temples sont de la plus haute antiquité. De là je suis porté à croire que cette singulière construction était un reste du goût de ceux qui les bâtirent pour leur première habitation. Ils imitaient l'inclinaison des montagnes, etc. » (Bruce, *Voyage aux sources du Nil*, *liv.* I, *ch.* VI.)

(7) « Celles d'où ils voient partir les éclairs et le tonnerre sont la résidence des dieux. Ils y portent leurs offrandes de riz, de millet, de maïs, de pain, de vin, d'huile et de fruits, qu'ils laissent respectueusement au pied ». (*Villauts*, *Voyage en Guinée*, *p.* 183, etc.) Arthus assure

que, dans leurs voyages, les Nègres n'osent passer à la base des hauts lieux, sans y monter pour apaiser les fétiches par des présens. (*Histoire des Voyages*, *t.* IV, *liv.* IX, *ch.* VII, *sect.* VII.)

(8) « Les montagnes sont souvent les fétiches des Nègres d'Ardra. » (*Relation de Delbée* dans *Desmarchais* et dans *Labat.*) « Dans les grandes fêtes que les rois nègres de la côte d'Or donnent à leurs sujets et à leurs voisins, leurs esclaves ont bien soin de porter au pied de quelque montagne des offrandes pour les fétiches du prince ». (*Histoire des Voyages*, *t.* IV, *liv.* IX, *ch.* VI, *sect.* VIII.)

(9) « A Palme, on avait aussi un lieu de prédilection pour prier dans les grandes occasions. C'était un sommet pointu d'une grande hauteur. L'existence de l'île était regardée comme dépendante de la sienne. On croyait que Dieu s'y reposait, et l'on y venait offrir des vœux et des libations. L'on y portait les entrailles des animaux, et l'on imaginait qu'avec de pareilles offrandes, accompagnées de cérémonies extraordinaires, on rendait le ciel propice. Aussi ce rocher, nommé le Grand-Ydafe, était-il toujours environné de Corbeaux, qui se nourrissaient

des mets destinés à Dieu.» (*Essai sur les îles Fortunées*, *p.* 94.)

(10) Les montagnes sont surtout célèbres dans les sacrés Livres des Juifs, soit que Dieu les signale aux Hommes comme le séjour qu'il aime le mieux, lorsqu'il daigne descendre sur la terre, soit que, fatigué des infidélités de son peuple, il lui défende de monter sur les hauts lieux, et d'y sacrifier aux divinités étrangères. Le Voyant Samuel montait sur ces mêmes hauts lieux, pour y manger en présence du Seigneur; et nous lisons dans le premier livre *des Rois* (*chap.* III, *v.* 2): «Le peuple ne sacrifiait alors que sur les lieux élevés, parce qu'on n'avait pas bâti de temple pour le service de l'Eternel». Les anges destructeurs de Sodôme ordonnent à Lot d'abandonner Ségor, et de se sauver sur la montagne. (*Genèse, ch.* XIX, *v.* 17, 30.) Abraham, pour complaire à Dieu, porte un pieux couteau sur son fils Isaac, à la cime de la montagne de Moriah, d'où vient le proverbe : «Le Seigneur verra sur la montagne». (*Genèse, ch.* XXXII, *v.* 2, 14.) Jacob établit ses tentes sur la montagne de Galaad, en prend à témoin le sommet et la pierre, en immolant des victimes sur les

montagnes. (*Genèse*, *chap*. XXXI, *v*. 25, 51, 52, 54.) Aaron, se rendant au-devant de son frère, par l'ordre du Seigneur, le rencontrera sur la montagne de Dieu. (*Exode*, *ch*. IV, *v*. 27.) Dieu dit à Moïse, « Je serai avec toi, et tu verras que c'est moi qui t'ai envoyé, parce qu'après avoir tiré mon peuple d'Egypte, ce sera sur la montagne que vous viendrez me rendre votre culte ». (*Exode*, *ch*. III, *v*. 12.) Dans le *Deutéronome*, l'Eternel l'appelle sur la montagne, pour y demeurer quarante jours et quarante nuits. Moïse avait déjà vu Dieu face à face, au milieu des tonnerres et des éclairs, sur le mont Sinaï, et Horeb est appelé sa montagne. (*Rois*, *liv*. III, *ch*. XIX, *v*. 8.) Balaam, invité par Belac, roi de Mohab, de prophétiser contre le peuple élu, monte avec lui sur les hauts lieux de Bahal (*Nombres*, *chap*. XXII, *v*. 41); car chaque Dieu de la Palestine avait les siens. Il fait bâtir sept autels sur la montagne de Péhor (*ch*. XXIII, *v*. 28), où le vrai Dieu daigna descendre sur lui (*chap*. XXIV, *v*. 2). Le reste des Livres inspirés célèbre en beaucoup d'autres endroits les montagnes, vers lesquelles le Psalmiste tourne ses regards, « parce qu'il en attend des secours de l'Eternel. » (CXXI, *v.* 1.) La pierre qui, dans le rêve de Nabuchodonosor, a brisé en roulant le colosse de l'ambition aux pieds d'argile, devient une montagne indestructible qui remplit toute la terre. (*Daniel, ch.* II, *v.* 35.) Dans les petits Prophètes surtout, Dieu promet la gloire à tous ses peuples sur la sainte montagne de Sion. « Le salut, s'écrie Joël, se trouvera, comme l'a dit le Seigneur, en cette sainte montagne de Dieu, etc. » (*chap.* II, *v.* 17.) *Voyez* aussi Abdias (*v.* 17), et Zacharie (*chap.* VIII, *v.* 3). Michée annonce « que la montagne de l'Eternel s'affermira entre toutes les montagnes, et que les nations iront, et diront : venez, et montons à la montagne. » (*ch.* IV, *v.* 1, 2.)

Mais dès que Salomon, doué cependant par l'Eternel de l'esprit de sagesse, « consacra un lieu élevé à Kémos, l'abomination des Mohabites sur la montagne qui est vis-à-vis Jérusalem, et à Moloch, l'abomination des enfans d'Ammon (*Rois*, I, *ch.* XI, *v.* 17), que Jéroboam érigea des veaux d'or sur les montagnes (*Rois*, III, *ch.* XIX, *v.* 8, et *ch.* XII, *v.* 31, 32), et que, marchant dans les voies d'iniquité, les rois d'Israël adoptèrent les détestables idoles des

Cananées, les Prophètes anathématisèrent les montagnes; Osée les maudit formellement, en disant : « Ils sacrifient sur le sommet des montagnes, et font des parfums sur les coteaux, à l'ombre des arbres qui leur semble bonne; c'est pourquoi leurs filles se prostitueront; et les femmes de leurs fils..... » (*chap.* IV, *v.* 13.) Nous n'osons achever la citation. Racine, dans un autre style à la vérité que le petit Prophète Osée, s'abandonne à la même colère contre les montagnes dans les vers suivans :

Jéhu laisse d'Achab l'affreuse fille en paix,
Suit des rois d'Israël les profanes exemples;
Du vil dieu de l'Egypte il conserve les temples;
Jéhu, sur les hauts lieux, osant enfin offrir
Un téméraire encens que Dieu ne peut souffrir.

Malgré la proscription des hauts lieux si long-temps vénérés, on trouve qu'ils sont encore nommés *Montagnes de Dieu*, dans l'Apocalypse (*ch.* VI, *v.* 16), et dans le Protévangile de Saint Jacques (XXII).

Il a déjà été question de la montagne d'Arabie, sur laquelle le père Adam avait posé sa tente, quand Eve, qui s'était égarée sur la terre en sortant du Paradis, le retrouva (page 210, note 7 de l'*espèce Arabique*, *t.* 1). On lit, en outre, dans le livre d'Enoch, cité par l'apôtre saint Jude, ce qui commande un certain degré de confiance et le respect, que, vers le temps du patriarche Jared, en 1170 du monde, précisément, « Les anges étant devenus amoureux des filles des hommes, firent entre eux serment d'en jouir ; et qu'étant partis ensemble (il n'est pas dit de quel endroit), ils allèrent sur la montagne appelée Hermonim, à cause de leur serment ; ceux qui donnèrent l'exemple furent Sémiexas, Atarchulph, Chobaliel-Hosampisch, Thausaël, etc., et les autres en firent autant ; et il en naquit trois genres d'Hommes, entre autres les Géans, etc. »

(11) La première substitution de ce genre est celle qui cause le premier crime, et qui, dans le cœur de leur père, ainsi que dans les faveurs de Dieu, place le jeune Abel avant son aîné Caïn, et par suite, établit à la place de leur lignée, pour être celle de David, la descendance du puîné Seth. Par la seconde, Sem, l'un des trois fils de Noé, est préféré à son frère Japhet, qui était le plus grand, selon l'expression de la Genèse, pour devenir la continuation de ce rameau

du genre humain dont le Fils de Dieu devait naître. Par la troisième, la légitimité d'Isaac l'emporte sur l'aînesse d'Ismaël, souche des véritables Arabes. Dans la quatrième, le cadet Jacob devient, au préjudice d'Esaü, l'un des aïeux de Marie, pour un plat de Lentilles, et par une supercherie de sa mère, qui lui avait mis des gants de peau de chèvre. La cinquième transporte à la race de Juda les privilèges de Ruben, de Siméon et de Lévi, qui furent les trois premiers fils de Lia. La sixième, enfin, plaça sur le trône d'Israël, Salomon, fils de l'adultère, pour devenir l'aïeul du Christ, au préjudice des enfans qu'avait eus du premier lit le séducteur de Betsabée, qui fut aussi l'assassin d'Uri, son époux. Tous ces exemples peuvent être employés en faveur des substitutions, mais difficilement pour défendre le droit d'aînesse.

§. V.

De l'importance des secours que l'histoire naturelle de l'Homme peut tirer des recherches philologiques et statistiques.

On a pensé que l'étude approfondie et la comparaison minutieuse des langues fournissaient des moyens concluans pour reconnaître les espèces du genre humain chez les peuples qui, dans leur origine, appartinrent respectivement à ces espèces. Quelque dispersion et quelque mélange que les Hommes eussent subis, on essaya de les suivre à la trace en se servant, comme du fil d'Ariane, de mots et de constructions de phrases qui seraient demeurés des choses communes chez toutes leurs ramifications. Nous ne prétendons point nier l'importance de pareilles recherches dont les résultats nous paraissent plus propres à jeter quelque jour sur l'histoire politique des nations que sur l'histoire naturelle des espèces, choses qu'il ne faut ni confondre ni regarder comme identiques.

Les premiers idiomes purent, à la vérité, être légèrement dissemblables selon chaque espèce d'Hommes. L'implantation verticale ou proclive des dents aux mâchoires, l'épaisseur de la langue, la grosseur des lèvres, la contexture plus ou moins élargie de la glotte, même la forme aplatie ou saillante du nez, devaient chez elle permettre ou proscrire la formation de différens sons. Les Éthiopiens qui ont les incisives obliquement situées, ne parviennent jamais à prononcer la lettre R. Les Hottentots gloussent, et les Malais gazouillent plus qu'ils ne parlent; les Neptuniens de la mer du Sud, à Otaïti surtout, ne peuvent articuler que sept à huit de nos consonnes jointes à certaines voyelles qu'il nous serait presque impossible de répéter, et dénaturent les mots européens à mesure qu'ils leur sont importés; cependant les variations de contexture, qui existent dans l'appareil vocal chez les espèces du genre humain, ne sont pas suffisantes pour déterminer des combinaisons de langages empreintes de différences telles qu'on s'y doive capitalement arrêter, comme attributs caractéristiques de première valeur.

Nous verrons tout-à-l'heure que ce fut dans un second âge du genre humain, où les diverses espèces n'avaient guère pu se confondre encore, que les idiomes durent commencer à se caractériser : quand ces idiomes se constituèrent définitivement, la civilisation était assez avancée ; quand l'écriture les fixa, la civilisation était à-peu-près complète. Si, dans leurs émigrations ou par leurs conquêtes, des peuples, antérieurs à ceux dont le souvenir s'est conservé et qui parlaient déjà des langages étendus, laissèrent ou imposèrent à des vaincus d'espèce différente, quelques-uns de leurs mots et leur syntaxe, ces reliques de grands évènemens oubliés ont peu d'importance ici. Elles sont comme les médailles frustes des temps obscurs, par le secours desquelles le Chronologiste parvient à rétablir quelques dates, mais qui ne sauraient apprendre au Zoologiste à quelle espèce d'Hommes durent appartenir ceux qui les frappèrent.

L'estimation du nombre des individus dans les diverses espèces du genre humain, n'est pas, dans l'état actuel de nos connaissances, une chose plus décisive en Histoire naturelle que celle de mots pareils, ou de constructions analogues qu'on découvrirait dans leur langage, et l'arithmétique humaine est pour le moins aussi hypothétique et vaine que l'arithmétique introduite dans le règne végétal. Trop de données nous manquent pour en établir les élémens. Les auteurs qui emploient aussi le calcul pour capter l'admiration des gens incapables d'en vérifier les sommes, savent bien dans le fond à quoi s'en tenir sur leur valeur. En effet, quel cas peut-on raisonnablement faire de ces dénombremens prétentieusement imprimés à Paris, de peuples qui ne sauraient se dénombrer eux-mêmes, et qui, tels que les Australasiens entre autres, ne comptent pas, selon l'illustre R. Brown, au-delà du nombre des doigts de la main? (1)

Que dans un empire complètement policé, le gouvernement veuille savoir combien il peut lever de soldats et de contributions, les registres de chaque municipalité lui fournissent des moyens de répartition fondés sur la connaissance, encore approximative, du nombre d'hommes qui dépendent de ses agens. Mais qui sait, qui pourrait deviner, à qui importe-t-il de connaître combien il y a, par exemple, d'Araucanos ou de Malais? On ignore le nombre de lieues carrées de surface que peuplent les premiers dans l'Amérique méridionale, et le nombre des îles occupées par les seconds dans la Polynésie et la mer du Sud! On ne citerait pas trois États en Europe où la population soit exactement connue; nous avons ailleurs prouvé que le roi d'Espagne ne sait pas, à cinq ou six cent mille âmes près, le nombre des habitans de ses provinces de Galice, d'Estremadure, et de Valence*, et l'on vient nous faire des romans numériques sur d'im-

* *Guide du Voyageur en Espagne*, p. 642; et *Résumé géographique de la péninsule Ibérique*, p. 272.

menses régions aux trois quarts désertes et sauvages, où les États ne connaissent positivement pas leurs propres limites, et dont l'étendue en surface ne peut être évaluée que sur des cartes géographiques remplies de lacunes, quand elles ne le sont pas de détails à-peu-près imaginaires ! Le président des États-Unis et celui de la Colombie ignorent combien leurs républiques naissantes contiennent précisément de citoyens, et l'on s'extasie dans l'Ancien Continent sur la précision d'une statistique du Nouveau-Monde, où non-seulement on nous indique ce qui y existe d'indigènes ou d'étrangers, mais encore, à un homme près, combien il s'en trouve qui parlent telle ou telle langue et qui professent telle ou telle religion ! Les lecteurs doués d'un esprit exact, sachant fort bien qu'on ne connaît même pas positivement le nombre des espèces d'Hommes que nourrit l'Amérique, ne peuvent croire qu'on soit en état d'en compter d'avance les individus. Ils n'admettent pas, pour fonder des théories, de gratuites assertions comme des vérités incontestables, quelle que puisse être la célébrité de ceux qui les prodiguent si légèrement en compromettant leur réputation ; ils veulent surtout, avant de croire et d'admirer, qu'on leur soumette les données authentiquement déduites, d'après lesquelles on établit ainsi du positif. Pour nous, qui avons retenu du prudent Bacon que le doute est le chemin de la vérité, et qui ne croyons pas qu'on puisse évaluer à quelques millions près, le nombre des humains qui vivent et gémissent aujourd'hui sur la terre, nous ne voyons aucune nécessité à spéculer sur ce qu'il ne nous est pas donné d'approfondir. Ici le *cui bono* ne serait peut-être pas déplacé.*

Mais si l'estimation numérique des individus dont se compose le genre humain ne peut être assise sur la moindre donnée raisonnable, et si la statistique n'en peut être même essayée, il n'est pas sans utilité de rechercher dans quelles proportions les Hommes se peuvent multiplier sur le globe, selon la nature des institutions qui les régissent. Les conséquences de ce

* *Voyez* T. VIII, p. 249 du *Dictionnaire classique d'Histoire Naturelle,* chez Rey et Gravier, quai des Augustins.

genre d'investigation prouvent les immenses avantages de l'état social, lequel, par l'étude des arts et des sciences, résultats de son perfectionnement, donne tant de moyens de conservation individuelle, qui tournent au profit de l'augmentation de l'espèce entière. On trouve des preuves de cette consolante vérité jusque dans la révolution française où mille victoires, consommant un si grand nombre d'Hommes, en laissèrent cependant entre le Rhin, les mers et les Pyrénées, plus qu'il n'y en avait jamais existé auparavant.

Malgré l'autorité de Montesquieu qui, sur l'influence exagérée des climats, ainsi que touchant la proportion numérique des peuples dont il s'est occupé, tomba perpétuellement dans les plus graves erreurs, on peut établir qu'en Europe seulement, quelque aveugle et tyrannique que s'y soit montrée la puissance, malgré les pestes, les croisades, les bûchers du saint-office, les guerres de tout genre, les Saint-Barthélemy et les Dragonnades, le nombre des hommes est au moins triplé depuis la chute de l'empire romain. L'ancienne capitale du grand empire ne contient plus, à la vérité, sous la domination de ses pontifes, comme sous les Césars, quatre cent soixante mille citoyens, ce qui supposait sept à huit millions d'habitans, y compris les esclaves; mais Londres, Paris, Berlin, Pétersbourg, avec quelques autres villes qui n'existaient pas, en comptent plus que n'en renfermait alors l'Italie entière. Et, quant à la ruine de l'Afrique, indépendamment de ce qu'elle serait largement compensée par la multiplication des Hommes sur mille autres points de l'univers, Buffon ne la veut pas admettre ; il dit judicieusement dans son histoire du Lion : « L'espèce humaine, au lieu d'avoir souffert une diminution considérable depuis le temps des Romains (comme bien des gens le prétendent), s'est au contraire augmentée, étendue et plus nombreusement répandue, même dans les contrées comme la Lybie, où la puissance de l'Homme paraît avoir été plus grande dans ce temps, qui était à-peu-près le siècle de Carthage, qu'elle ne l'est dans le siècle présent de Tunis et d'Alger.* » L'Amérique affranchie, sans avoir influé en

* *Edition de Verdière*, t. XXI, p. 82.

moins sur la population de l'Europe, aux dépens de laquelle nous voyons la sienne se grossir de jour en jour, possède plus d'habitans depuis sa découverte, qu'elle ne nourrissait d'indigènes, et que n'en purent égorger ses barbares conquérans. Elle en possède certainement plus qu'il ne s'en trouvait dans notre Europe et dans l'Afrique romaine, à l'époque où l'auteur de l'Esprit des Lois suppose, par esprit de système, avoir existé la plus forte population de l'univers.

Buffon, que nous aimons tant à citer lorsqu'il demeure à sa propre hauteur, Buffon, dans ses Tables de probabilité, pour la durée de la vie humaine, fit à notre histoire physique la seule application des chiffres qui lui puisse convenir. Cet homme, si grand quand il consentait à réfréner son génie, trouva encore, dans d'utiles calculs, des argumens contre les terreurs que nous inspire la triste prévision du trépas. « Tantôt, dit éloquemment Vicq-d'Azyr, s'adressant aux personnes les plus timides, il leur dit que le corps énervé ne peut éprouver de vives souffrances au moment de sa dissolution. Tantôt, voulant convaincre les lecteurs les plus éclairés, il leur montre, dans le désordre apparent de la destruction, un des effets de la cause qui conserve et qui régénère; il leur fait remarquer que le sentiment de l'existence ne forme point en nous une trame continue, que ce fil se rompt chaque jour par le sommeil, et que ces lacunes, dont personne ne s'effraie, appartiennent toutes à la mort. Tantôt, parlant aux vieillards, il leur annonce que le plus âgé d'entre eux, s'il jouit d'une bonne santé, conserve l'espérance légitime de trois années de vie; que la mort se ralentit dans sa marche à mesure qu'elle s'avance, et que c'est encore une raison pour vivre que d'avoir long-temps vécu. Les calculs que M. de Buffon a publiés sur ce sujet important ne se bornent point à répandre des consolations; on en tire des conséquences utiles à l'administration des peuples. Ils prouvent que les grandes villes sont des abîmes où l'espèce humaine s'engloutit. On y voit que les années les moins fertiles en subsistances sont aussi les moins fécondes en hommes. De nombreux résultats y montrent que le corps politique languit lorsqu'on l'opprime, qu'il se fatigue et s'épuise lorsqu'on l'irrite, qu'il dépérit faute de chaleur et d'aliment, et qu'il ne jouit de toutes ses forces qu'au sein de l'abondance et de la liberté. »*

Nous voyons cette Amérique, jadis dépeuplée par la tyrannie, aujourd'hui si florissante sous l'influence de la liberté conquise, confirmer la vérité si noblement exprimée par le digne panégyriste de Buffon, et prouver qu'il n'est de prospérité réelle, et d'espoir d'accroissement, que pour les nations où les droits imprescriptibles de l'Homme et du citoyen sont reconnus comme base de l'ordre social.

* *Edition de Verdière, t. 1, Éloge de Buffon, p.* LXIX.

---

(1) Malte-Brun, dans les généralités par lesquelles se termine le premier tome de sa *Géographie universelle*, avait déjà fait justice de cette manie de dénombrer les individus du genre humain, contre laquelle nous venons d'essayer de prémunir nos lecteurs. Nous transcrirons ce qu'il écrivit à cet égard, pour compléter le cinquième paragraphe du présent essai.

« On a dit assez communément que le nombre total des hommes vivans sur la terre peut s'élever à un milliard ou onze cent millions. Récemment quelques profonds géographes anglais nous ont assuré qu'il y avait précisément 953 millions d'habitans sur le globe, dont 153 en Europe, 500 en Asie, 150 en Afrique, et 150 en Amérique. Tous ces calculs sont chimériques : il est impossible d'en donner qui aient seulement quelque degré de certitude. L'Asie a 500 millions d'habitans, dit-on; mais ce n'est qu'en adoptant pour les pays qui composent cette partie du monde les données les plus exagérées, qu'on est parvenu à former ce total. Si l'on veut être de bonne foi, il faut avouer que l'on n'a pas plus de raisons pour donner à l'Asie 500 millions que pour lui en donner 250. Entre les différentes versions sur la Chine, comment deviner la vraie? Ce pays a-t-il 27 millions d'habitans, d'après Sonnerat ; ou 55 millions, d'après l'extrait de la gazette officielle de Pékin ; ou 70 millions, selon les Russes; ou 100 millions, comme le savant de Guignes l'a cru ; ou 149,662,000, comme M. Busching nous l'assure; ou 260 millions, en suivant les missionnaires; ou enfin 333 millions, comme un mandarin Chinois, très véridique sans doute, l'apprit à lord Macartney? La Perse a-t-elle 50 millions d'habitans, ou 19? Doit-on maintenir la Turquie d'Asie à 36 millions, avec les anciens géographes, ou la réduire à 19, avec M. Eton? Ces exemples suffisent pour faire sentir aux lecteurs judicieux que tout cet étalage de chiffres n'est fondé que sur des raisonnemens vagues. Nous avons cherché à estimer la population de l'Asie d'après les relations comparées des voyageurs modernes; nous n'affirmons rien, mais il nous paraît qu'on ne peut lui donner que 320 à 340 millions d'habitans. — Quant à l'Afrique, les incertitudes sont si grandes, que, toutes choses bien pesées, on ne sait pas s'il faut compter cette partie du monde pour 45 ou pour 90 millions. Un tiers de l'Afrique est si absolument inconnu, qu'on ne sait pas s'il y a des lacs ou des montagnes, ou des déserts sablonneux. Parmi les parties les plus connues, il n'y en a aucune sur laquelle on ait des notions positives. Tout ce qu'on sait, c'est que la population de l'Egypte, des Etats barbaresques et de l'empire de Maroc, a été prodigieusement exagérée. On parle de pays très peuplés sur les bords du Niger; mais toute estimation positive serait déplacée. En raisonnant par analogie, on peut tout au plus regarder 90 millions comme le maximum pour la population de l'Afrique. — On a donné 150 millions à l'Amérique. A peine en trouve-t-on un tiers dont l'existence soit avérée. Les Espagnols n'ont guère poussé leurs estimations au-delà de 20 millions d'habitans de toutes les classes pour l'ensemble de leurs colonies. C'est peut-être un tiers de trop. Le Brésil n'a qu'un million d'habitans, selon Raynal; mais en ajoutant les Sauvages de ce pays, ainsi que ceux de la Guyanne, et les Patagons, posons 5 millions. Il serait difficile de trouver plus d'un million et demi dans toutes les grandes et petites Antilles, en défalquant celles des Espagnols. Les Etats-Unis ont 6 millions d'habitans, ou tout au plus

7 millions. On ne peut estimer le Canada anglais, la Nouvelle-Ecosse, et autres dépendances, qu'à un million. Reste donc encore à trouver 15 à 16 millions parmi les Sauvages de l'intérieur et du nord-ouest. Il est donc évident que l'Amérique tout entière n'a pas 50 millions d'habitans: on serait plus près de la vérité, en ne mettant que 40 millions ». (*Géographie universelle, t.* 1 , *p.* 529 et suiv.)

M. Malte-Brun écrivait ces excellens passages en 1816. Depuis cette époque, les Etats-Unis d'Amérique ont vu s'accroître le nombre de leurs citoyens. La véritable liberté, l'égalité dont l'empire est si bien affermi chez les citoyens du plus heureux des pays de la terre, ont appelé sous leur égide les victimes de toutes les persécutions politiques de l'ancien monde ; et au moins trois millions d'habitans de plus vivent heureux où n'existaient naguère que des forêts et des marais déserts. Le Brésil constitutionnel voit aussi sa population s'accroître avec rapidité. Mais ces améliorations n'ont presque rien changé aux résultats des calculs du savant géographe que nous venons de citer. L'anarchie de Cuba, le fer meurtrier de Morillo, et autres Pizarres, Almagres ou Cavrajal de ce siècle ; enfin les guerres sanglantes qui ont ruiné les parties méridionales du continent Américain, ont contrebalancé les acquisitions du nord. On peut donc avec une sorte de confiance adopter le résumé suivant de M. Malte-Brun : « L'Europe peut avoir 170 millions d'habitans. L'Asie, avec toutes les îles du grand Océan (ou la cinquième partie du monde), peut être portée à 360 millions. Nous laisserons généreusement à l'Afrique ses 90 millions, et à l'Amérique 50 millions. L'espèce humaine, dans son ensemble, n'aura donc que 670 millions d'individus, au lieu d'un milliard. » (*Loc. cit.*, *p.* 531.) On pourra bientôt rayer deux ou trois millions de Grecs de ce calcul, si la politique des princes chrétiens ne se lasse d'abandonner ces infortunés aux pals, aux cimeterres et aux cordons dont use si largement l'un des Empereurs légitimes de cette Europe, où quelques bonnes gens imaginent que la masse est digne de la liberté.

Nous devons signaler comme une des singularités de l'esprit humain qu'il s'est trouvé chez l'espèce Japétique, des penseurs convaincus que la terre, avec son 1,400,000 myriamètres carrés de surface était déjà trop peuplée pour la commodité des nobles sommités de l'ordre social. Ces penseurs considèrent conséquemment les massacres à la façon du sultan Mamoud, et les Saint-Barthélemy, comme d'excellens moyens pour arrêter les progrès d'un esprit d'insubordination qui menace de s'étendre partout où le pouvoir absolu n'a pas les moyens de faire emprisonner fiscalement la pensée, de faire couper des têtes sans autre façon, de bien garnir des potences et des roues, ou d'allumer les bûchers du Saint-Office.

---

§. VI.

De l'Homme dans l'état de nature, et comment il en sortit pour s'élever à la civilisation.

Après avoir établi les caractères physiques des espèces dont se compose le genre humain, et recherché où fut le berceau de chacune, il devient nécessaire, pour compléter notre histoire, d'indiquer par quels degrés l'Homme parvint à mériter le premier rang, et à dominer le reste des créatures. Il ne fut pas moins méconnu sous ce point de vue moral que sous celui de sa distribution méthodique sur la terre; et le plus grand nombre des écrivains qui en traitèrent, ayant dédaigné l'observation, se sont égarés en préférant à ce guide infaillible un vain esprit de système; ils semblent n'avoir eu d'autres prétentions que de substituer leurs fausses idées à celles de leurs devanciers, et de superficiels admirateurs les ont proclamés d'autant plus habiles que leurs théories, contraires à celles qui se fondent sur l'examen sévère des faits, étaient le fruit de plus grands efforts d'invention.

L'histoire de l'Homme, traitée par quiconque n'avait pas anatomiquement consulté le cadavre de ses pareils, ne pouvait être qu'un canevas à déclamation, dont la conclusion, reproduite sous mille formes, était sans cesse : « S'il s'élève, je l'abaisse ; s'il s'humilie, je le relève, afin de lui faire comprendre qu'il est un *monstre* inexplicable ». Et l'*on* se laissa séduire par de tels non-sens!

Il n'est donné à qui que ce soit d'élever ni d'abaisser l'Homme, dont toute l'autorité de Pascal lui-même ne saurait pas plus faire un *Monstre* qu'un *Roseau pensant*. Le vrai sage nous laisse où la nature nous daigna placer, et nous n'y sommes point inexplicables, lorsqu'on descend dans notre organisation intime, et comparativement avec celle des autres animaux. Mais il ne faut pas procéder dans une recherche de cette importance, avec des idées étroites ou arrêtées d'avance, et qui condamnent l'investigateur à rejeter des vérités évidentes, quand ces vérités ne se trouvent pas d'accord avec des préjugés admis; préjugés qui, en dépit du consentement universel et de la sanction des siècles, n'en sont pas moins fondés sur l'erreur. C'est dans un esprit Baconien qu'il faut se livrer à l'étude de l'Homme intellectuel, lequel n'est qu'une conséquence nécessaire de l'Homme mammifère.

Toute métaphysique dont l'anatomie et la physiologie ne sont pas les flambeaux, n'est pas digne du nom de science; amas spécieux de vaines spéculations, la plupart des faux raisonneurs qui s'y adonnèrent ont pu éblouir des siècles d'ignorance et s'y constituer chefs d'écoles ; mais la vérité n'admet pas d'écoles, et quelque brillantes qu'aient été les rêveries de ceux qui, sans se comprendre, se choisirent pour sujets de leurs romans métaphysiques, ces rêveries sont aujourd'hui tellement discréditées, que ce serait perdre un temps qu'on peut mieux employer que de les mentionner ici. L'Homme qui veut se connaître doit se chercher dans sa propre nature, pénétrer dans son organisation et dans celle des bêtes, en comparant les diverses modifications que l'âge et l'état de santé ou de maladie apportent en lui; il ne doit pas, surtout, consumer le peu de temps qui fut mis à sa disposition dans ce monde, à feuilleter d'innombrables volumes qu'on est convenu de regarder comme excellens, encore qu'on n'y pût citer une page sans faussetés. De tout ce qui fut publié sur l'Homme avant Cabanis et Bichat, on ne trouverait peut-être pas, si ce n'est dans Locke et dans Leibnitz, la valeur d'un moyen in-octavo qui méritât d'être conservé. (Voyez les mots *Instinct*, *Intelligence*, *Irritabilité*, *Matière*, *Organisation* et *Sensations* de notre *Dictionnaire*.)

Nous ne reviendrons point sur ce qui fut dit dans les articles où nous venons de renvoyer; il nous suffira, pour le moment, de faire remarquer combien se trompèrent, ou voulurent nous tromper, ces philosophes du siècle dernier, qui nous peignirent la supériorité de ce qu'ils appelaient l'Homme dans l'état de nature, sur l'Homme civilisé. Cet état de nature, tel qu'ils se l'imaginaient, ne saurait exister; ils y voulaient l'espèce composée d'individus développés comme par enchantement, robustes, fortement constitués, aguerris contre l'intempérie des saisons, n'ayant de besoins que ceux qu'ils pouvaient aussitôt satisfaire, doués d'une intelligence et d'une rectitude de jugement que ne faussait aucun des préjugés qu'on suppose être inhérens à l'état social. Ils voyaient dans chaque sauvage un Adam sorti parfait des mains du Créateur. A la connaissance près du bien et du mal qui, pour son bonheur, ne lui avait pas été donnée, le sauvage des philosophes, appréciant, par la supériorité de l'instinct, la nature entière, était comme l'Homme du *Béréshit*, semblable aux Dieux. Rien de mieux cadencé et de plus pompeusement sonore que le beau discours placé par Buffon dans la bouche de son premier mortel, qui, en même temps, eût été le premier des orateurs; car, dans ce discours, l'Adam fictif, analysant avec autant de méthode que l'eût pu faire Condillac, les sensations qu'il éprouva pendant les vingt-quatre premières heures de son existence, semble porter la parole devant l'Académie Française en séance publique. N'a-t-on pas, d'ailleurs, osé imprimer naguère que « c'est parmi les sauvages ou les barbares qu'il nous faut aujourd'hui chercher la véritable éloquence et la haute poésie, qui ne se trouvent plus chez les peuples très policés ». Celui qui écrivit ces étranges lignes ignore-t-il donc que les Etienne, les Arnault, les Delavigne, et les Daru n'ont point renoncé à composer des vers ; que Béranger s'est placé sur la ligne de La Fontaine ; qu'il n'est pas encore interdit aux Constant, aux Perrier, aux Foy(1), aux Collard, aux Bertin-Devaux de se faire entendre à la tribune, et que les Cuvier et les Fourrier prononcent annuellement, devant l'Institut, des éloges funèbres, ou rendent compte de l'état des connaissances humaines ?

« Dans les sciences de fait, dit judicieusement Voltaire qui sut , en se jouant, faire agir son Huron comme il convient au vrai sauvage, rien n'est plus déplacé que de parler poétiquement, et de prodiguer les figures ou les ornemens, quand il ne faut que méthode et vérité ; c'est le charlatanisme d'un homme qui veut faire passer de faux systèmes à la faveur d'un vain bruit de paroles : les petits esprits se laissent tromper par cet appât, que les bons esprits dédaignent ». Laissons conséquemment dans Milton, dans Gessner, ou chez leurs froids imitateurs, le premier couple vivant discourir, aux premiers jours du monde, dans un goût qui n'est point celui que comporte l'austérité des sciences exactes, et convenons que l'état le plus triste et le plus à plaindre est pour l'Homme celui des sauvages, tels qu'ils sont réellement, c'est-à-dire celui que les déclamateurs ont nommé l'*Etat de Nature*. Les voyageurs modernes, affranchis de préjugés, nous montrent de tels sauvages faibles de corps, exposés nus à l'inclémence des saisons et manquant d'industrie pour s'y soustraire, lâches d'esprit, cruels sans nécessité, enclins à tous les vices, débordés, mangeurs d'hommes, et cependant on ne peut leur imputer à crime les perpétuelles rapines où nous les voyons s'exercer, puisqu'à peine ils ont quelques notions du *tien* et du *mien*.

L'Homme, étant de toutes les créatures celle qui fut jetée sur la terre avec le plus de besoins et le moins de moyens d'y satisfaire, ne s'y fût pas long-temps conservé si, dans sa faiblesse même, il n'eût trouvé des incitations puissantes pour sortir de sa condition animale : il n'était pas couvert d'un fourrure; il devait se chercher des vêtemens: il n'avait ni serres déchirantes, ni dents redoutables, ni piquans, ni écailles; il lui fallait trouver au moins des moyens de défense: ses pieds n'étaient protégés par aucun ongle dur; l'invention d'une chaussure lui devenait, tôt ou tard, indispensable pour entreprendre de longues migrations. Lorsqu'après bien des siècles de faiblesse et de nudité, il fut parvenu à se fabriquer des habits, des semelles et des armes, il n'eût encore été qu'au niveau, tout au plus, des Ours et des Solipèdes; mais, excité par sa faiblesse et son dénûment, l'Homme n'eût cependant pu satisfaire à ses moindres besoins, qu'il n'eût grandi sous la protection de celle qui le mit au jour, et qu'il n'en eût conséquemment reçu un genre d'éducation plus complet que celui que peuvent recevoir les petits du reste des Animaux; ceux-ci ne demeurant que peu de temps auprès de leur mère, s'en séparent avant que les liens de famille aient pu se resserrer. Mais il n'en est pas de même des enfans : avant l'âge de puberté, les malheureux courraient risque de mourir de faim ou d'être dévorés par le moindre des Carnivores, si leurs parens les abandonnaient, et durant les années qui s'écoulent entre la naissance et la possibilité de l'émancipation, les membres de la famille ont le temps de s'attacher les uns aux autres. (2)

Il ne serait cependant résulté de cette dépendance mutuelle et prolongée que des habitudes peu enracinées, ainsi qu'il arrive parmi les Campagnols, les Caribous, les Marsouins et autres mammifères qu'on dit vivre dans une sorte d'état social, parce qu'ils se réunissent en troupes pour voyager. On eût vu les diverses espèces du genre humain former tout au plus des bandes errantes et peu nombreuses, où chaque individu, ne connaissant de loi que celle du plus fort, ayant une certaine propension à opprimer ses semblables, pouvait à chaque instant devenir la cause d'une dispersion sans retour.

Quelle que soit l'époque où les Hommes aient paru sur la terre, ils y furent portés par leurs grossiers besoins à s'y tout disputer, depuis leur proie jusqu'à la possession d'une femelle. Dans la perpétuité de leur penchant amoureux, qui n'est pas restreint à l'influence de la saison du rut, existait néanmoins pour eux une nouvelle cause de sociabilité. Les individus des deux sexes, éprouvant des ardeurs chaque jour renaissantes, devaient trouver plus sûr de demeurer constamment unis dans un esprit de protection mutuelle, après s'être recherchés, que de recommencer chaque fois des poursuites qui pouvaient, comme il arrive chez les Aranéides, n'être pas sans péril, puisque l'appétit de la chair humaine, n'étant pas alors le moins violent, le mâle et la femelle, après l'accouplement, eussent bien pu s'entre-dévorer. Cependant la permanence des amours, d'où résultait la monogamie et la longue éducation des petits, n'eussent encore placé le genre humain que dans la catégorie de ces bêtes féroces, dont les amours et les soins dus aux petits adoucissent momentanément l'humeur, et tout au plus au rang de ces Aigles qui, fidèles dans leurs tendresses conjugales, et passionées pour leur progéniture, tant qu'elle réclame leurs soins, la chassent loin de l'aire natale aussitôt qu'elle peut se suffire, et que ses besoins accrus donnent le moindre ombrage au père et à la mère qui se réservent l'empire du canton.

Le genre humain joignant encore à sa faiblesse instigatrice, à son penchant vers la fidélité d'où résulta le premier mariage, ainsi qu'à la nécessité d'une plus longue éducation, une disposition naturelle d'organes qui rendait ses espèces capables de comparer un plus grand nombre d'objets qu'il n'était donné à tous les autres animaux de le faire; la forme des mains surtout, fut chez lui, ainsi que nous l'avons dit plus haut, un puissant moyen de régularisation pour le jugement; mais ces mains, auxquelles Helvétius attachait trop d'importance, n'en faisaient guère qu'un genre entre les Singes, et le mettaient simplement sur la ligne des Orangs. Ce fut le mécanisme de l'organe d'où proviennent ses facultés vocales, qui compléta l'Homme, et qui commanda son élévation dans la Nature : seul dans le sein de cette mère féconde, il lui était donné d'articuler des mots; et, dès que chaque couple ou chaque famille se fut fait un vocabulaire quelconque, le genre humain put aspirer à commander dans l'univers.*

* *Voyez* note 6 du § 1, *t.* 1, *p.* 57.

Cependant l'Homme et la Femme marchaient appariés, bientôt suivis d'enfans imitateurs armés pour la défense commune, ou pour attaquer les bêtes sauvages, vêtus des dépouilles sanglantes de celles-ci, et parlant une ébauche de langage, qu'ils n'étaient encore que des brutes farouches. Le genre humain se montrait, sur la face entière du globe, ce que nous le voyons maintenant encore sur les côtes de la Nouvelle-Hollande, et ce que demeurent les espèces Mélanienne et Australasienne. Il n'était pas même à la hauteur du Hottentot; et tel fut cet *État de Nature* tant vanté que la civilisation aurait perverti, selon J.-J. Rousseau!

Les données manquent pour établir quelle pût être la durée de temps pendant laquelle nos premiers pères vaguèrent dans cette condition sauvage où l'anthropophagie était un goût universel; c'est ce que les poètes ont appelé l'Age d'Or (3). L'Homme y fût sans doute éternellement demeuré, si quelque grand évènement, indépendant de sa volonté qui n'était pas alors sans bornes, n'eût déterminé le perfectionnement de son existence.

Ici commence l'Age d'Argent où le véritable état social va remplacer la simple association de famille, association qui n'était guère analogue qu'à celle des bandes, où, comme chez les Onagres et les Grues, le plus ancien ouvre la marche, sans exercer d'autre influence sur ses pareils que celle d'un guide éclairé par une plus longue expérience des dangers de la terre ou des chemins de l'air. Des traditions mythologiques permettent dès-lors de reconnaître quelques linéamens d'histoire. Cette seconde époque date de la découverte du feu, source féconde de vie, d'intelligence et de maux.

La foudre a frappé le plus grand arbre des forêts primitives; un cratère a vomi des laves sur la végétation dont se paraient les flancs d'une montagne; la flamme dévorante jaillit, et porte au loin le ravage. Troublé dans sa bauge nocturne, l'Homme fuit à la lueur d'un jour inconnu; et ce n'est qu'après bien des incendies, qu'il ose de loin contempler la majesté du spectacle. Mais enfin il distingue que de tels embrasemens ont un terme; il en veut connaître les limites fumantes; et, s'en approchant, il éprouve qu'une chaleur bienfaisante en émane; il approche encore, et jouit; il approche davantage, il se brûle, et recule plus que jamais épouvanté : de nouvelles expériences le familiarisent enfin avec l'élément inconnu qui, pour lui, produit à-la-fois des voluptés et des douleurs; il a déjà contemplé son Dieu dans le buisson ardent. Mais le feu s'est éteint, et l'Homme le pleure; inquiet, agité, craignant de l'avoir à jamais perdu, car sa source est dans le ciel ou sur des sommets inaccessibles, il n'ose espérer de l'en voir de nouveau descendre; il erre autour des cratères, le long des bois détruits, dans l'espoir de recueillir quelque étincelle : il compare déjà la sensation qu'il éprouvait, en s'en approchant, à celle qu'il ressent quand les rayons du soleil vivifiant le réchauffent; il ne doute plus que cet astre et le feu ne soient le même être : le Sabisme ne tardera point à sanctifier les étoiles. Cependant l'éclair brille de nouveau, et le tonnerre gronde; ses carreaux ont reproduit le feu dans le branchage; celui qui brille et disparaît, qui réchauffe, mais qui brûle, Osiris, Adonis, en un mot, la DIVINITÉ, quelque nom qu'on lui donne, est retrouvée : la tempête sera désormais sa voix redoutable, elle avertira l'Homme de sa venue, et les terreurs surnaturelles sont entrées dans le cœur de nos aïeux. Le foyer domestique, autel révéré, s'élève au milieu d'eux; il y devient le centre de la famille qui ne s'en éloignera plus; on y conservera religieusement le feu d'origine céleste, et dont le culte, venu d'en haut, précède tous les autres cultes, ou plutôt en est la source : avec lui s'établit la société sur des fondemens indestructibles, dont la propriété sera le plus essentiel. L'Homme d'abord n'avait été que le plus misérable des êtres, trouvant dans sa propre faiblesse les causes d'une industrie portée tout au plus à l'invention des moyens de défense et d'attaque ; mais seul il a osé se familiariser avec les clartés ardentes à l'aspect desquelles fuient encore tous les animaux sauvages, et que les animaux domestiques, qui ne s'en effraient plus, ne sauraient cependant entretenir. Ses yeux sont dessillés, le souffle de vie est empreint sur sa face : de là ces théogonies où nous voyons le genre humain représenté par une statue de boue, mais devenant semblable aux Dieux, dès qu'un rayon de feu, conséquemment de la Divinité même, vient l'animer, en tempérant ses misères.

Peut-être quelques hommes plus hardis, et qui, avant les autres, avaient essayé d'allumer du feu, s'en étaient voulu réserver l'usage, et profitaient de la supériorité qu'ils en avaient obtenue pour dominer le vulgaire d'alors. Pontifes jaloux de la divinité qu'ils tenaient captive, ils s'établirent sur leurs grossiers contemporains les interprètes des volontés qu'ils lui prêtaient; aussi la théocratie fut-elle partout le premier mode de gouvernement. Cette théocratie primitive dura exclusivement jusqu'à la révolution dont l'histoire de Prométhée perpétue le souvenir. Si ce Prométhée n'est pas celui qui, parmi les Hommes, osa le premier s'approcher de l'incendie, pour en dérober des braises, afin d'animer la statue de boue, il dut être quelqu'un des détenteurs du feu, qui eut l'imprudence ou la magnanimité d'en répandre la connaissance chez les familles qu'on prétendait tenir dans une obscurité physique et morale. Ceux dont la possession d'un secret si important faisait comme les confidens d'un Dieu redoutable, se vengèrent en enchaînant Prométhée sur ce Caucase où son indiscrétion devint l'aurore de la civilisation occidentale du triple continent.

Nous ne tenterons pas d'évaluer pendant combien de siècles les Hommes, rapprochés par l'usage et le culte du feu, vécurent dans l'enfance de l'état social, auquel manquait, pour se perfectionner, un élément non moins essentiel, la connaissance et l'emploi des métaux. Toujours réduits à se façonner des instrumens en bois ou en pierre, leur industrie ne pouvait se développer; il ne leur était pas encore possible d'élever des monumens capables de braver les siècles et de perpétuer leur souvenir. Les guerres n'étaient que des attaques tumultueuses de famille à famille, de tribu à tribu, insuffisantes pour influer sur le sort des espèces entières; la force individuelle seule assurait alors le succès du moment, sans établir le droit de conquête. Durant l'Age d'Argent, le genre humain était donc ce que, vers la fin du siècle dernier, les navigateurs européens trouvèrent les Neptuniens des archipels de la mer du Sud, séparés du berceau de la race Malaise, avant que, par ses rapports avec les Hindous et les nations Siniques, cette race eût appris à dégrossir le cuivre et le fer. Mais le langage s'était déjà accru, il avait agrandi le cercle des idées, et les idiomes naquirent encore, avec l'aurore de la civilisation, autour du foyer domestique.

Un troisième âge commence avec l'art d'extraire du sein de la terre des substances métalliques; et ce sont les plus faciles à travailler, qui, d'abord, sont substituées aux haches en pierre, aux javelots et massues de bois, aux flèches armées d'une arète de poisson. Il est nommé L'AGE D'AIRAIN, parce que le cuivre est le premier métal mis en œuvre. En effet, dans les plus anciennes galeries de mines, qui doivent remonter à cette époque, dans les premiers tombeaux, dans les ruines où l'on ne sait reconnaître la main d'aucun peuple dont le nom ait triomphé de l'oubli, ce sont des coupes, des lampes, des clous, ou autres instrumens en cuivre, qui seuls ont échappé à la destruction (4). Durant cet âge d'Airain, les tribus s'associent en corps de nations où des gouvernemens réguliers s'établissent. Le fort avait trouvé de nouveaux moyens pour asservir le faible, car il possédait les matériaux dont se forgent les chaînes; il prétend partager l'empire avec le sacerdoce, et diverses mythologies éternisent le souvenir de la première lutte qui résulta de cette prétention, par le combat des Géans et des Dieux. Cependant les Titans sont d'abord vaincus; mais les

Dieux, ou les enfans des Dieux, choisissent des femmes parmi les filles des Hommes; et de ces mésalliances proviennent ces demi-dieux, ces héros issus d'un sang révéré, ces bâtards immortels, en un mot, ces fondateurs de familles privilégiées, à qui leur origine adultère, mais sacrée, établit des titres de noblesse dans le genre de ceux qu'on prodigue encore aujourd'hui aux illégitimes fruits du libertinage des rois, car rien n'est nouveau sous le soleil.

Cependant, pour les cérémonies qui tiennent à la religion, et dont la pratique est antérieure à l'introduction des métaux dans l'ordre social, on conserve par respect, les couteaux en pierre, qui semblent être inhérens à l'origine même du culte; et quand les tribus de race Adamique, par exemple, se singularisent par l'usage des embaumemens ou de la circoncision, on ouvre le flanc des morts, on coupe le prépuce des nouveau-nés avec des couteaux de pierre. (5)

Dès l'Age d'airain, les Hommes étaient donc parvenus au point où les aventuriers Européens du quinzième siècle trouvèrent les peuples soumis à la domination de Montézume et des Incas, chez lesquels l'Or et l'Argent représentaient, dans l'usage habituel, les premiers métaux des temps héroïques de l'Ancien Monde, mais où l'on manquait du plus commun qui est en même temps le plus utile.

Enfin, l'Age de Fer arrive, et contre l'opinion commune, il est le meilleur. Il emprunte son nom de la découverte qui le singularise; les arts y naissent en foule et viennent adoucir des mœurs grossières : partout l'anthropophagie disparaît où le Fer se montre; les villages se multiplient et deviennent des villes, en se couvrant de boulevards; les temples, les sépulcres, les édifices publics acquièrent une imposante solidité. Les besoins multipliés, avec de nouveaux moyens d'y satisfaire, contribuent bientôt à l'enrichissement des langues, qui dès-lors acquièrent leur génie respectif, et dont la diversité sur la terre autorise à penser qu'elles étaient dans l'imperfection, quand les races se séparèrent des souches spécifiques. Cette séparation eut probablement lieu vers l'époque où l'art de bâtir était déjà porté au plus haut point de perfection, ce que semblerait indiquer l'histoire de la confusion des langues, placée au même temps que celle de la tour de Babel, première des grandes constructions dont il soit parlé, et que nous savons maintenant s'être élevée en Nubie, où se trouve la véritable plaine de Sennaar *. L'art de peindre la parole est découvert bien plus tard, il commence par des caractères hiéroglyphiques imparfaits, mais qui dénotent l'antériorité de la peinture.

Il est probable que la mise en œuvre des métaux, et notamment du Fer, avait contribué à l'établissement de puissans Etats où la civilisation était parvenue à un très haut degré de développement, et où les sciences même furent en honneur durant bien des siècles, long-temps avant qu'on eût ima-

* *Voyez t.* 1, *p.* 181 et 212.

giné l'écriture; les traditions étant alors orales et les générations ne se pouvant mettre en contact à de grandes distances de temps par des signes conservateurs du discours, l'histoire de ces empires et leurs corps de doctrine devinrent nécessairement mythologiques, quand la plus grande partie ne s'en perdit pas. Les Hommes purent donc se civiliser, quoique leur intelligence n'eût point encore trouvé ce grand élément de perfectibilité qui paraît être l'un de ses caractères distinctifs, et qui consiste à savoir figurer la parole. « Cette faculté de représenter des idées générales par des signes ou images particulières qu'on leur associe, aide, dit M. Cuvier*, à s'en rappeler une quantité immense,

* *Règne Animal*, *t.* 1, *p.* 51.

et fournit au raisonnement, ainsi qu'à l'imagination, d'innombrables matériaux, et aux individus, des moyens de communication qui font participer toute l'espèce à l'expérience de chacun d'eux, en sorte que leurs connaissances peuvent s'élever indéfiniment par la suite des siècles. »

L'écriture trouvée, la véritable histoire commence; le passé raconté à-peu-près tel qu'il fut, est mis à profit et devient la leçon, trop souvent négligée, du présent et de l'avenir; l'étude des sciences fait naître la philosophie dont les erreurs même préparent le règne de la sagesse pour l'exercice du raisonnement.

On pourrait ajouter un cinquième Age à ceux dont la mythologie vient de nous faire reconnaître les traces;

l'Imprimerie en détermina la tendance. Dès l'instant de cette merveilleuse et sainte invention, de palpables erreurs admises comme d'éternelles vérités, parce que leurs racines se perdaient dans le berceau du genre humain, ont été irrésistiblement ébranlées en tous lieux où des caractères mobiles ont pu devenir les auxiliaires du bon sens. Cette sorte de fourbes qui, depuis le supplice de Prométhée, s'était constituée en possession d'abuser de la crédulité humaine, voudrait en vain prolonger, à l'aide de sophismes appuyés du fer des bourreaux sous l'égide de lois sacrilèges, le règne des superstitions qui lui livraient les peuples ignorans comme pieds et poings liés; mais les temps s'accomplissent, et l'Age de Raison qui s'apprête, replaçant les bases indestructibles de la morale dans la Nature même dont cette morale unique ne saurait être qu'une conséquence, prépare aux générations futures des félicités supérieures à tout ce que nous pouvons entrevoir au milieu du crépuscule où nous vivons encore; « car les jours parleront et les années de l'avenir feront connaître la véritable sagesse. » (*Job. chap.* XXXII, *v.* 7.)

N'anticipons point sur cet avenir qui ne nous appartient pas. L'Histoire naturelle de l'Homme doit cesser où la civilisation le saisit, pour l'élever intellectuellement, mais en lui laissant, quoi qu'il fasse, de sa condition animale, ses formes de *Primates* ou de *Bimanes;* salutaire avertissement pour qui le sait comprendre, donné par l'Éternelle Sagesse à l'orgueil de la folle humanité, et bien fait pour confondre l'inconséquence de ces prétendus philosophes qui, dans leur impuissance, voudraient doter leurs pareils en misères, d'une portion d'intelligence usurpée sur la Divinité! Ainsi seraient d'audacieux vermisseaux qui, parce qu'ils se sentiraient réchauffés du soleil, et que leur frêle matière en réfléchirait un rayon égaré, s'imagineraient être aussi une importante émanation de

L'ÊTRE SUPRÊME
INCOMPRÉHENSIBLE !!!

---

(1) La présence du nom de ce grand citoyen dans cet ouvrage montre que notre première édition remonte à l'époque où un Homme de plus osait lutter contre la tendance, manifestée par les descendans de la race Celtique, à retourner vers la sauvagerie des temps où nos stupides aïeux fléchissaient le genou devant les druïdes.

(2) M. Duméril (*Zool. anal., p.* 6) remarque très judicieusement que «L'Homme est surtout particularisé par la faiblesse générale de ses organes au moment où il naît, et surtout par le long espace de temps que semble exiger sa première éducation physique. Aucune autre espèce de Mammifères, ajoute-t-il, n'a besoin plus long-temps que lui de soins assidus et de la protection de ses parens. L'imperfection des organes ne permettant pas, dans l'enfance, un grand développement d'idées, cet âge est celui d'une sorte d'imbécillité folâtre; mais c'est précisément de la légèreté des idées, que produisent dans les premiers temps de la vie les impressions venant de l'extérieur, que la raison humaine acquiert par la suite sa plus grande force. De ce que l'enfant est obligé de revenir un grand nombre de

fois sur les mêmes choses, pour se les inculquer, il les sait mieux, quand sa mémoire est parvenue à se les approprier ; et de là ces habitudes, qu'on a très à propos appelées une seconde nature, mais qu'on a eu tort de regarder comme déterminées uniquement par l'instinct. »

(3) Hésiode nous paraît être le premier qui ait célébré ces temps fortunés « où les Hommes, à ce qu'il dit, vivaient avec les dieux ». Les Livres sacrés ne parlent pas textuellement de l'Age d'Or ; mais on y voit, comme chez Hésiode, qu'avant le déluge, *Elohë* ou *Elohim*, c'est-à-dire *Dieu* ou *les Dieux*, vivait ou vivaient assez familièrement avec les patriarches, et que cet Age d'Or sous-entendu fut perverti, quand les enfans des Dieux eurent pris certaines privautés avec les filles des Hommes. (*Voyez* § II, *t.* I, *p.* 65, et § IV, *t.* II, *p.* 190.)

(4) Pallas a trouvé, en Sibérie, des travaux très considérables qui attestent l'antique existence de peuples qui ont disparu, dont les noms même ne sont pas parvenus jusqu'à nous, et desquels les outils, conservés dans les galeries de mines, ne sont jamais en Fer. Dans les tourbières et autres lieux du nord de la France ou

de l'Irlande, qui renferment des débris de Bœufs et de Cerfs perdus, entre lesquels on prétend avoir trouvé des traces de l'existence de l'Homme, on n'a pas découvert une lame d'épée, une hache, ou autre fragment, qui ne fût en Cuivre. Les plus anciens témoignages de l'industrie humaine naissante consistent ailleurs dans des outils faits de pierres ; et les Hommes que nous appelons encore Sauvages ne s'élèvent même pas jusque-là ; ils attaquent ou se défendent avec des armes grossières, où n'entrent de métaux que ceux que nous leur avons portés.

(5) Hérodote (*lib.* II) dit que, dans le mode d'embaumement le plus dispendieux, on faisait, pour retirer les intestins du corps, une incision avec une pierre d'Ethiopie. Cette pierre d'Ethiopie était ce même Basalte que les Guanches employaient au même usage, et dont ils façonnaient des couteaux appelés *Tabonas,* pour ouvrir les cadavres. (*Essai sur les îles Fortunées, p.* 76.) Quand Dieu commande à Josué (*chap.* V, *v.* 2) de circoncire les hommes de son peuple qui n'avaient pu l'être en Egypte, parce qu'ils n'étaient pas nés quand leurs pères en sortirent, il spécifie la pierre tranchante, *cultros lapideos.* — Nous avions déjà remarqué

ailleurs qu'on retrouvait la preuve du même asservissement à l'usage primitif, dans la mutilation des prêtres phrygiens de Cybèle, qui s'opéraient avec un caillou tranchant. On pourrait attribuer à la même cause le procédé qu'on employait de toute antiquité, en Judée, pour inciser les Baumiers (*Amyris*), afin d'en obtenir des parfums, et qui se perpétua jusqu'au temps des Romains; il consistait à fendre l'écorce de l'arbre avec un fragment de terre cuite ou avec un caillou affilé. Tacite dit « qu'on en usait ainsi, parce que le Baumier craint le Fer ». (*Hist., lib.* V, § IV.) Le Baumier ne craint pas plus le Fer que ne le craint tout autre Végétal; mais le parfum qu'on en tire était en quelque sorte sacré, puisque, dès l'origine du culte, on le réserva pour le brûler sur les autels des Dieux; on devait conséquemment au Baumier la même distinction qu'à la verge des petits enfans.

FIN DU SECOND ET DERNIER VOLUME.

TABLE

ET DIVISION DES CHAPITRES.

TOME Ier.

TOME II.

Suite du paragraphe III.

† Léiotriques.

*** *Espèces propres au Nouveau Monde.*

ERRATA.

Tome Ier, page 6, ligne 19, les Chauves-Souri *lisez* les Chauve-Souris (ainsi que partout o se trouverait la même faute).

P. 24, l. 1 et 4, certilagineuses, *lisez* cartilagi neuses—qu'y n'y tiennent, *lisez* qui n'y tiennent

P. 25, l. 9, tarte, *lisez* tarse.

P. 52, l. 17, Pygmée, *lisez* Pygmé.

P. 71, l. 14, des Nègres. En Amérique, *lisez* de Nègres en Amérique, où.

P. 74, l. 7, des Arachnides, *lisez* des Parasites.

P. 78, l. 5, comme rare, *lisez* comme race.

P. 81, l. 5, à faire disparaître, *lisez* à supprimer

P. 129, l. 11, 3° race Germanique, *lisez* 4° rac Germanique.

P. 150, l. 21, Ephore, *lisez* Euphore.

P. 185, l. 13, Chanaan, *lisez* Canaan (ainsi qu partout où se trouverait la même faute. D même pour Cananéens, au lieu de Chananéens.

P. 205, l. 6, Barbères, *lisez* Berbères.

P. 224, l. 5, Amour, *lisez* Amou.

P. 280, l. 12, des Célèbes, *lisez* de Célèbes.

P. 286, l. 12, Fraycinet, *lisez* Freycinet.

P. 299, l. 5, Océanique, *lisez* Océanie.

T. II, p. 169, l. 7, desquels, *lisez* duquel.

P. 175, l. 3, forment peut-être, *lisez* formaien peut-être.

P. 213, l. 24, myriamètres, *lisez* de myriamètres

P. 214, l. 7, n'a pas les moyens, *lisez* ne jouit pa des moyens.

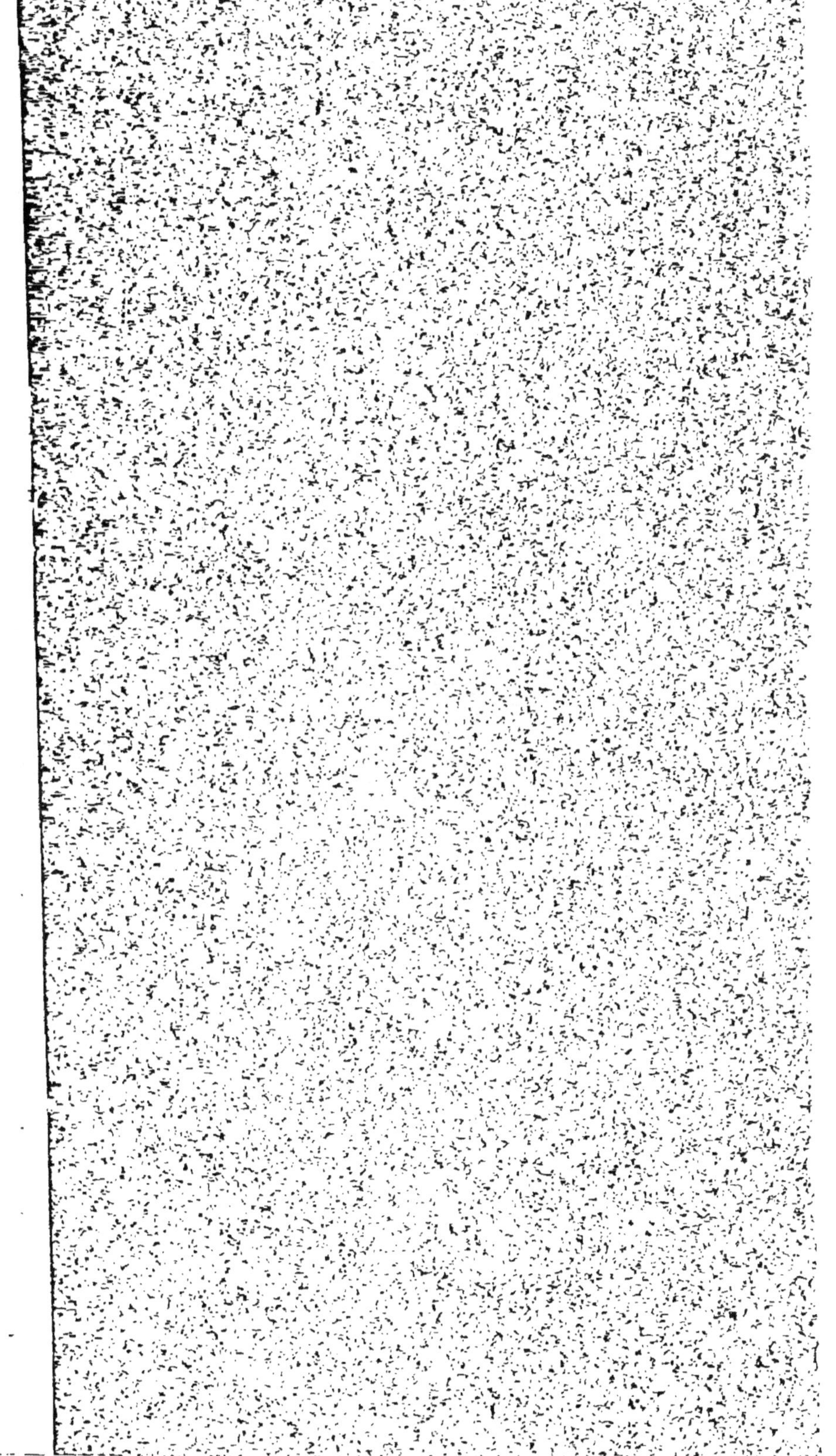

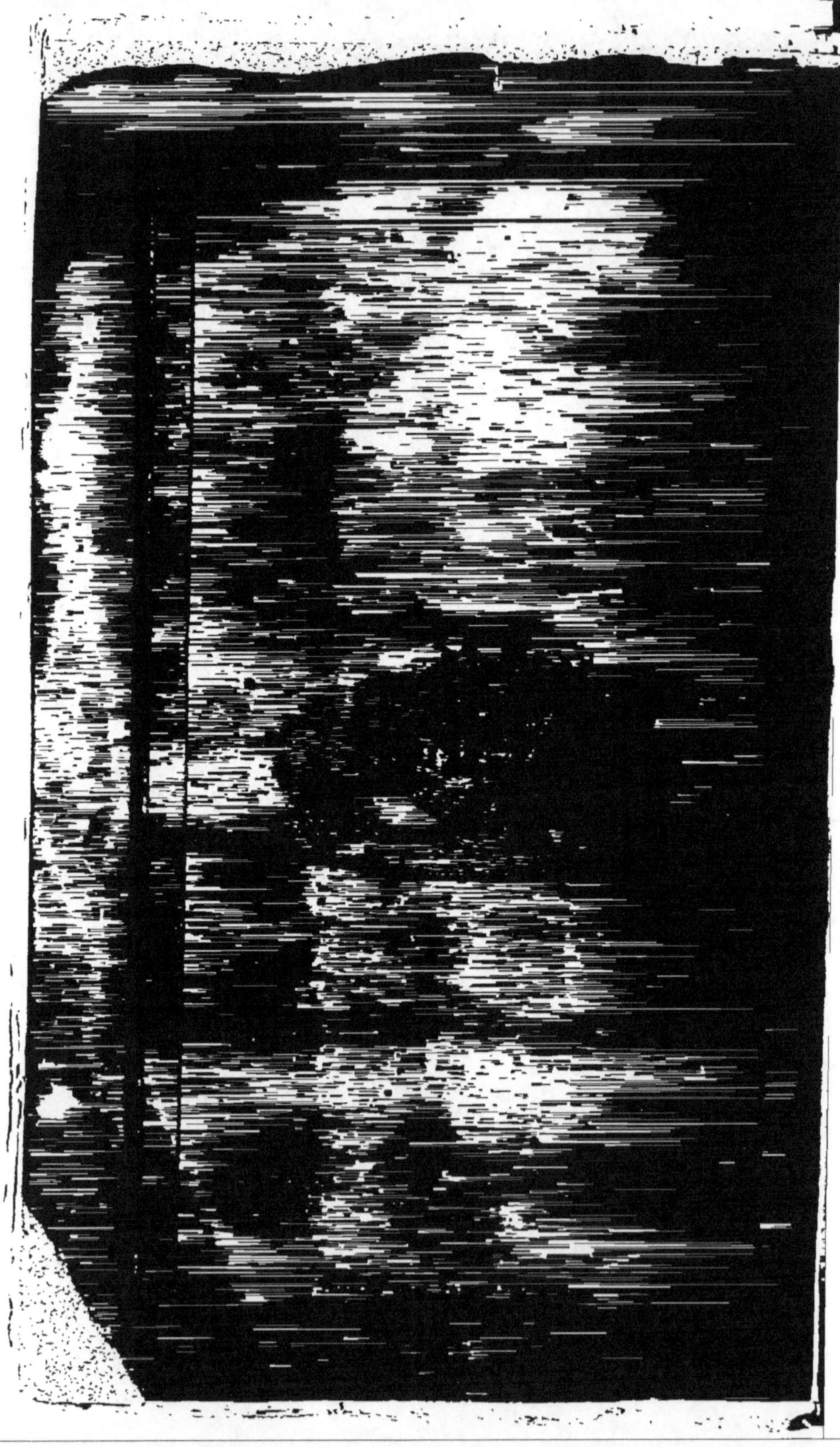

www.ingramcontent.com/pod-product-compliance
Lightning Source LLC
LaVergne TN
LVHW020554230826
846091LV00002B/489

* 9 7 8 2 0 1 3 0 6 0 5 5 4 *